Systematisches Arbeiten mit BASIC

Problemlösen – Programmieren

Von Prof. Herbert Löthe, Esslingen,
und Dr. Werner Quehl, Esslingen

Mit 22 Übungen und 56 Beispielen

B. G. Teubner Stuttgart 1982

CIP-Kurztitelaufnahme der Deutschen Bibliothek

Löthe, Herbert:
Systematisches Arbeiten mit BASIC : Problemlösen - Programmieren / von Herbert Löthe u. Werner Quehl. - Stuttgart : Teubner, 1982.
ISBN 978-3-519-02508-5 ISBN 978-3-663-01268-9 (eBook)
DOI 10.1007/978-3-663-01268-9
NE: Quehl, Werner:

Gesamtherstellung: Beltz Offsetdruck, Hemsbach/Bergstraße
Umschlaggestaltung: W. Koch, Sindelfingen

VORWORT

Programmieren bedeutet nicht nur Beherrschen von Sprache und Programmiersystem auf einem konkreten Rechner, sondern auch die Fähigkeit, gestellte Probleme zu lösen, und zwar in einer Weise, daß sie von einem Computer bearbeitet werden können.

Für dieses computergerechte Lösen von Aufgaben wurden in einer intensiven Diskussion im Fach Informatik systematische Vorgehensweisen und geeignete Hilfsmittel entwickelt. Hilfsmittel sind dabei höhere Sprachen, die ein problemnahes Formulieren und Strukturieren von Daten und Befehlsfolgen zulassen.
Die Sprache BASIC und das zugehörige Dialogsystem sind Anfang der Sechziger Jahre, also vor dieser Diskussion, entstanden. BASIC unterstützt daher ein systematisches Programmieren nicht, es ermuntert eher zu einem chaotischen Drauflosprogrammieren. Die Vorzüge der Programmiersprache BASIC liegen jedoch darin, daß ihre Anweisungen mit verhältnismäßig geringem Aufwand in die Maschinensprache des konkreten Rechners übersetzt oder von diesem interpretiert werden können. Das BASIC-Programmiersystem regt zudem an, im Dialog mit dem Rechner Befehle auszuprobieren und kurze Befehlsfolgen zu testen.
Insgesamt ermöglichen also Sprache und System BASIC eine relativ geringe Einstiegsschwelle, um erste Erfahrungen zu machen. Diese Vorzüge haben dazu geführt, daß BASIC bei Mikrocomputern praktisch ausschließlich als grundlegende Sprache verwendet wird.

Beim Programmierenlernen mit BASIC tritt nun für den Lehrenden und den Lernenden folgendes Dilemma auf:

- Einerseits lassen sich aus methodischen Gründen für die ersten Schritte beim Programmieren nur einfache Programme als Beispiele heranziehen, die auch in BASIC noch überschaubar sind.
- Andererseits sollte man von Anfang an die Strukturierungsmittel, die zum systematischen Programmieren gehören und die in BASIC nicht vorhanden sind, verwenden, obwohl diese Hilfsmittel erst durch größere Programme genügend motiviert werden.

Wir haben für dieses Buch, das ja das Ziel hat, zum Benutzen von Mikrocomputern mit BASIC heranzuführen, den Ausweg gewählt, bei der Lösung des Problems oder der Aufgabe deutsche sprachliche Wendungen als Strukturierungshilfe zu verwenden. Diese verbalen Formulierungen dürften vom Leser zu Beginn als unnötig empfunden werden. Sie werden sich aber später bei größeren Programmen als hilfreich erweisen.

Das Buch ist so aufgebaut, daß es im 1. Kapitel streng aufbauend eine Einführung in die grundlegenden Sprachelemente bietet. Sie treten jeweils in kleinen Programmbeispielen auf, die sofort am Rechner erprobt werden sollten. Diese Beispiele sollen zusätzlich als Spielmaterial dienen, um die rechnerspezifischen Systemfunktionen aus dem Handbuch des Rechners zu ermitteln.
Im 2. Kapitel werden die grundlegenden Datentypen und ihre Strukturierung in sachlogischer Folge anhand größerer Beispiele erläutert und in ihrer Anwendung dargestellt.
Im 3. Kapitel werden Funktionen und Prozeduren in gleicher Weise behandelt. Diese grundlegenden und wichtigen Strukturierungsmittel sind in BASIC nur rudimentär vorhanden, so daß hier zwischen Programmentwurf und BASIC-Programm eine größere Distanz entsteht.
Im 4. Kapitel werden größere Programmbeispiele behandelt; die intensive Arbeit an Programmen dieser Komplexität begründet erst die Notwendigkeit systematischen Vorgehens. Die Darstellung eines Vorübersetzers für BASIC in 4.3 soll auch aufzeigen, daß die im 1. Kapitel eingeführten Übersetzungsregeln rein mechanischer Natur sind.
Die im 5. Kapitel zusammengefaßten Anmerkungen zu methodischen und didaktischen Fragen sollen das Vorgehen im Buch vor allem für den Lehrenden kommentieren, der Kapitel 2 bis 4 wohl eher zum Nachschlagen nutzen wird.
Für Programme, die Diskettenzugriffe enthalten, haben wir alphatronic und CP/M mit Microsoft-BASIC auf apple II genutzt. Alle übrigen Programme wurden mit applesoft und auch auf den Rechnern cbm und TRS-80 getestet.

Wir danken unseren Kollegen und Studenten für Anregungen zum Manuskript und Hinweise auf so manchen Fehler. Kritische Zuschriften unserer Leser sind uns weiterhin wertvoll.

Esslingen, Mai 1982 H. Löthe, W. Quehl

INHALT

1. GRUNDLEGENDE SPRACHELEMENTE

Im ersten Teile des Buches sollen die Sprachelemente in straffer Folge eingeführt werden, die zu kleineren Programmen (sogenannten "Zehn-Zeilern") benötigt werden. Diese leicht zu überblickenden Programme sind in Programmierkursen und Lehrbüchern sehr beliebt, da die zugehörige Aufgabe kurz gestellt und erläutert werden kann. In 1.5 werden eine Reihe solcher Programmieraufgaben angeben. Die Bewältigung dieser Aufgaben gibt eine gewisse Sicherheit über die Anwendung der einfachen Kontrollstrukturen beim Programmieren, gibt jedoch noch längst nicht die Fähigkeit, größere Programmierprobleme anzugehen.

1.1 Erste Erfahrungen am Computer

Ziel des ersten Abschnitts ist es, anhand äußerst einfacher Beispiele die ersten Erfahrungen
- am Rechner mit Kommandos und Programmbefehlen und
- beim Gestalten der Reihenfolge von Befehlen

zu ermöglichen.
Es werden nur die wichtigsten Befehle und Komandos und die grundlegenden Kontrollstrukturen eingeführt.
Wir stellen uns für diese Abschnitte folgende Arbeitshaltung vor:
- Die Abschnitte sollen Schritt um Schritt durchgegangen werden,
- und dabei sollte der Rechner ständig benutzt werden.
- Vermutungen oder Alternativen, die Ihnen als Fragen aufkommen, sollten Sie sofort am Rechner ausprobieren.

BASIC ist keine normierte Sprache. Jeder Hersteller hat die für sein Fabrikat günstigen Spracheigenschaften hinzugefügt oder betont. Wir werden im folgenden immer wieder Hinweise auf Varianten von BASIC geben. Es wird jedoch durchgehend notwendig sein, daß Sie davon abweichende Spracheigenschaften aus dem Handbuch Ihres Rechners entnehmen und austesten.

1.1.1 Entwicklung eines einfachen Programmes

Ziel dieses Abschnitts ist es, ein kleines Programm zu entwickeln, mit dem Sie erste Versuche auf dem Rechner durchführen können. Alle Eingaben in den Rechner und größere Ausgaben kennzeichnen wir optisch durch einen Rahmen.

Beispiel 1.1 Der Rechner soll eine Wertetafel der Quadratwurzeln für die Zahlen 1 bis 10 ausgeben.

```
1        1
2        1.4142135
3        1.7320508
.        .
.        .
```

Entwicklung des Programms

Die Quadratwurzelfunktion ist in BASIC eingebaut:

    SQR(X)   (engl. square root).

Es soll jeweils X und SQR(X) nebeneinander ausgedruckt werden:

    PRINT X,SQR(X)

(print, engl. drucke! Je nach Rechnersystem erfolgt die Ausgabe auf dem Sichtschirm oder auf Papier.)

Nach Aufgabenstellung soll dies für alle X-Werte von 1 bis 10 gemacht werden:

```
FOR X=1 TO 10
  PRINT X,SQR(X)
NEXT X
END
```

Die Zeile mit

    FOR ... TO ...   (engl. für... bis...)

und die Zeile mit

    NEXT ...   (engl. nächstes...)

bilden zusammen Anfang und Ende einer Zählschleife. Die dazwischen liegende Zeile (oder Zeilen) werden für die vorgesehenen X-Werte ausgeführt.

END (engl. Ende) markiert für den Rechner das Ende des Programms.

Laufenlassen des Programms

Damit man später beim Verändern des Programms auf einzelne Programmzeilen Bezug nehmen kann, werden diese mit Zeilennummern versehen.

Wir raten Ihnen, grundsätzlich eine Leerstelle (engl. blank) zwischen Zeilennummer und Anweisung zu tippen, auch wenn dies nicht alle Rechner verlangen.

Nummer	Anweisung
1	FOR X=1 TO 10
2	PRINT X,SQR(X)
3	NEXT X
4	END

Tippen Sie das Programm (einschließlich Zeilennummern) ein. Beachten Sie dabei folgendes:

1. Der Rechner muß dazu in einem Zustand sein, daß er BASIC-Kommandos und BASIC-Programmzeilen akzeptiert. Häufig ist dies schon nach dem Anschalten des Geräts der Fall ("Autostart", vgl. Handbuch des Computers).

2. Die Bereitschaft zur Entgegennahme wird durch ein <u>Bereitzeichen</u> (engl. prompt character) angezeigt, das von Rechner zu Rechner verschieden sein oder auch ganz fehlen kann. Bei apple II wird durch das Bereitzeichen unterschieden, in welchem der zwei BASIC-Systeme der Rechner Eingaben erwartet:

   ] für applesoft
   > für Integer-BASIC

   Bei Sichtschirmen wird die augenblickliche Schreibstelle durch ein blinkendes Zeichen, den <u>Cursor</u> (engl. Zeiger), angezeigt.

3. Die Eingabe jeder Zeile des Programms wird durch Drücken der Zeilenwechseltaste abgeschlossen. In der Regel ist das BASIC-System so organisiert, daß damit die Zeile vom Rechner abgespeichert wird. Die Zeilenwechseltaste ist meist mit "RET" markiert (engl. carriage return, Wagenrücklauf/Zeilenwechsel). <u>Jede</u> Eingabe ist durch Drücken dieser Taste abzuschließen. Wir bezeichnen dies mit [RET] .
   Nach dem Eintippen des Programms gibt man das Kommando zum Laufenlassen

   RUN [RET]

   d.h. nach dem Bereitzeichen wird (ohne Zeilennummer) "RUN" eingegeben und die Eingabe durch Drücken der RETURN-Taste abgeschlossen. Leider ist es so, daß schon kleine, unbeabsichtigte Ände-

rungen in der Zeichenfolge zu Fehlermeldungen führen.
Ein häufiger Anfängerfehler ist die Verwechslung von "O" (großer Buchstabe O) und "0" (Ziffer Null).
Beim Computer müssen die beiden Zeichen unbedingt unterschieden werden. Z.B. in der Zeile:

```
1 FOR X=1 TO 10
```

wird SYNTAX ERROR (engl. Syntaxfehler) ausgegeben, wenn "10" als "1O" geschrieben wird. Die meisten Systeme weisen die Null als Ø aus. Treten Fehlermeldungen auf, so gehen Sie sofort zum nächsten Abschnitt über. Im anderen Fall muß die gewünschte Ausgabe erfolgen.

1.1.2 Kommandos

Ziel dieses Abschnitts ist es, die notwendigsten Kommandos für das Eingeben, Korrigieren und Verwalten der Programme zu erläutern.

Unterschied zwischen Kommandos und Anweisungen:

Eine Tastenfolge, die Sie nach dem Bereitzeichen des BASIC-Systems eingeben und die sie mit RET (Drücken der RETURN-Taste) abschließen, wird vom Computer

- als Kommando gedeutet, wenn die Zeichenfolge mit einem Buchstaben beginnt,
- als Zeilennummer mit Anweisung, wenn Sie mit einer Ziffer beginnt.

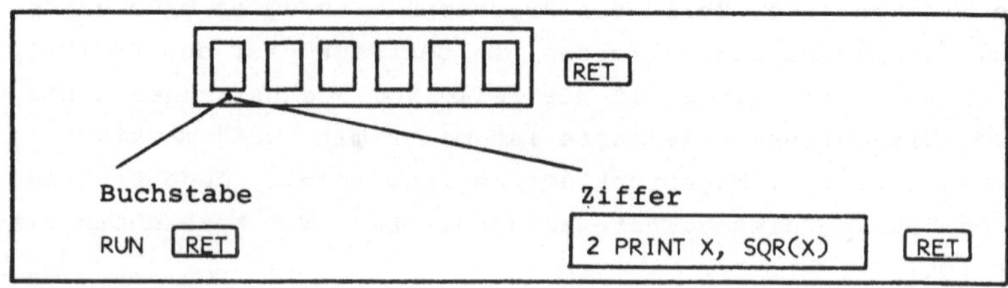

Kommandos führen zu einer sofortigen Aktion des Computers, Anweisungen werden für die spätere Ausführung gespeichert.

Rolle der Zeilennummer:

Die Zeilennummern haben vorerst zwei Funktionen:

1. Sie legen die Reihenfolge der Ausführung der Anweisungen fest. D.h.: Nicht die Reihenfolge der Eingabe von Anweisungen ist für die Ausführung maßgebend, sondern es wird nach wachsenden Zeilennummern abgearbeitet.
   Die folgenden beiden Zeilenfolgen verhalten sich bei der Ausführung als Programm beispielsweise gleich:

```
10 FOR X=1 TO 10
20 PRINT X,SQR(X)
30 NEXT X
40 END
```

```
100 PRINT X,SQR(X)
 90 FOR X=1 TO 10
110 NEXT X
120 END
```

2. Die Zeilennummern ermöglichen das Ausgeben, Korrigieren und Löschen einzelner Anweisungen im Programm.
   Zusammenfassend ist hierfür das Wort Editieren gebräuchlich.

Beispiel 1.2 Ausprobieren der Editierbefehle unter Benutzung des Programms aus Beispiel 1.1 .

Durchführung

1. Löschen des gesamten Programms

   NEW [RET] (engl. neues (Programm))

   Der gesamte Speicher für die Programmbefehle, "Arbeitsspeicher" genannt, wird gelöscht.

2. Eingabe des Programms
   Geben Sie das Programm aus Beispiel 1.1 erneut ein, jedoch mit Zeilennummern in Zehnerschritten (s.o.). Tut man dies, so hat man genügend Platz zum Einfügen weiterer Zeilen.

3. Ausgabe des Programms

LIST	Ausgabe des Gesamtprogramms (engl. aus-"listen")
LIST 20	Ausgabe von Zeile 20
LIST 20-40	Ausgabe von Zeile 20 bis 40
LIST -40	Ausgabe bis Zeile 40
LIST 20-	Ausgabe ab Zeile 20

Probieren Sie die Kommandos aus. Bei einzelnen BASIC-Systemen sind nicht alle der aufgeführten Möglichkeiten vorhanden oder sie sind anders gestaltet (z.B. mit "," statt "-").

4. Einfügen von Anweisungen
   Nehmen wir an, es soll die Ausgabe der Quadratwurzeln mit einer Überschrift eingeleitet werden. Der zugehörige Befehl

   PRINT "QUADRATWURZELN"

   muß also vor Zeile 10 eingefügt werden, z.B. mit Nummer 5 durch

   5 PRINT "QUADRATWURZELN"

   Geben Sie diese Zeile ein.
   Prüfen Sie die Einfügung mit LIST und geben Sie RUN.

5. Korrigieren von Anweisungen
   Nehmen wir an, es soll neben der Quadratwurzel auch die Quadratzahl ausgegeben werden, dann ist der Druckbefehl in Zeile 20 neu einzugeben.

   20 PRINT X,X*X,SQR(X)

   Die alte Zeile mit Nummer 20 wird dadurch gelöscht.
   Geben Sie nach der Korrektur LIST und RUN.

6. Löschen einer Zeile
   Da nun die Überschrift nicht mehr stimmt, soll sie gelöscht werden:

   5 RET

   (D.h. Zeilennummer mit unmittelbar folgendem RET
   Im allgemeinen darf nach der Zeilennummer keine Leertaste betätigt werden.
   Prüfen Sie mit LIST und RUN, ob das Löschen vorgenommen wurde.

Beim Korrigieren von Zeile 20 wäre es praktisch gewesen, wenn man nicht die ganze Zeile hätte neu eingeben müssen, sondern nur "X * X" hätte einzufügen brauchen.
Dieses Editieren <u>in</u> einer Zeile mit zeichenweisem Einfügen und Löschen ist von Rechner zu Rechner sehr unterschiedlich gelöst. Wir empfehlen Ihnen, sich diese Möglichkeiten erst später zu erarbeiten.

Verwalten von Programmen

Programme, die man entwickelt hat, müssen für späteren Gebrauch gespeichert werden. Die Art und die Systemhilfen zur Programmverwaltung hängen stark vom konkreten Computerystem ab.
Es ist weiterhin wesentlich, ob mit Magnetbändern oder Platten als Speichermedien gearbeitet wird.
Die Editierbefehle beziehen sich immer auf ein Programm, das im Arbeitsspeicher abgelegt ist. Man kann dieses Programm abspeichern durch das Kommando

SAVE *Programmname*	(engl. sichere!)

d.h. eine Kopie auf Band oder Platte herstellen.
Ein Programm kann in den Arbeitsspeicher "geladen" werden durch

LOAD *Programmname*	(engl. lade!).

Ein eventuell vorher darin befindliches Programm wird gelöscht.

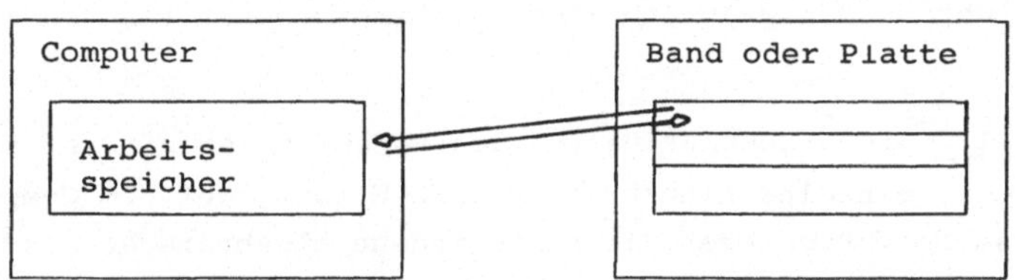

Probieren Sie das Abspeichern und Aufrufen von Programmen auf Ihrem Rechnersystem aus.

1.1.3 Direktausführung von Befehlen

Ziel dieses Abschnitts ist es, die Direktausführung von Befehlen und Funktionen auszuprobieren; wir können damit die Verarbeitung algebraischer Ausdrücke und Funktionen am Rechner untersuchen.
Unabhängig von einem gespeicherten Programm gestatten es viele BASIC-Systeme, BASIC-Befehle direkt auszuführen.
Der Computer stellt sich dabei in gewissem Sinne wie ein komfortabler Taschen- oder Tischrechner dar. Im Gegensatz zu Taschenrechnern gibt jedoch nicht jeder einzelne Tastendruck eine Wirkung. Die Tastenfolge zwischen Bereitzeichen und RET wird als ganzes verarbeitet.

So liefert z.B.

```
PRINT 3 * 5 + 6
```

sofort die Ausgabe 21.

Bemerkungen

1. Bei vielen Mikrorechnern kann PRINT durch "?" ersetzt werden.
2. Bei manchen BASIC-Systemen kann man auf das PRINT verzichten; es ist also ein Taschenrechner mit algebraischer Notation realisiert.

   ```
   3 * 5 + 6
   ```

   ergibt die Ausgabe 21. BASIC-Systeme, die diese Eigenschaft nicht haben, deuten jedoch eine solche Eingabe als Zeile 3 mit Befehl "* 5 + 6", was zu Fehlermeldungen führt.
3. Es gibt BASIC-Systeme, die keine Direktausführung zulassen, da sie nicht zu den ursprünglichen Systemeigenschaften von BASIC gehört.

Beispiel 1.3 Die Direktausführung von Befehlen ist eine einfache Möglichkeit, einzelne Eingaben und ihre Wirkung auf dem Computer zu untersuchen. Probieren Sie verschiedene algebraische Ausdrücke und eingebaute Funktionen aus.

Durchführung

Wir stellen uns vor, daß Sie die angesprochenen Spracheigenschaften im folgenden selbst "entdecken". Dazu sind nur einige Hinweise gegeben. Eine gute Haltung für Ihre Arbeit wären Versuche, den Computer "aufs Kreuz zu legen", d.h. herauszufinden, was er in diesem Bereich nicht kann.

1. Algebraische Ausdrücke
   Die Grundrechenarten werden in naheliegender Weise notiert

   ```
   PRINT 3+2,3-2,3*2,3/2
   ```

   Zusätzlich gibt es noch das Potenzieren: z.B. wird 3^2 mit eigenem Zeichen "↑" oder "Λ" oder "**"notiert:

   ```
   PRINT 3↑2,3↑10,3↑(-2)
   ```

   ```
   PRINT SQR(2),2↑0.5,2↑(1/3)
   ```

Probieren Sie den Vorrang bei der Ausführung algebraischer Operationen aus, z.B.

```
PRINT (3+5)/2*5
```

```
PRINT 3+5/2*5
```

```
PRINT 2↑1/3,2↑(1/3),2↑(-2),2↑-2
```

2. Funktionen

Neben der Quadratwurzelfunktion SQR(X) sind weitere Funktionen fest im BASIC-System eingebaut. (Schlagen Sie im Handbuch nach).

Z.B.:

```
PRINT 3,SIN(3),TAN(3)
```

Wird das Argument im Grad- oder Bogenmaß verarbeitet? Man kann Funktionen auch in algebraischen Ausdrücken verwenden und algebraische Ausdrücke als Argument einsetzen:

$$5\sqrt{1 - \sin^2 2}$$

ergibt

```
PRINT 5*SQR(1-(SIN(2))↑2)
```

(Ergebnis: 2.08073)

3. Übersetzungsübungen

Berechnen Sie die folgenden Ausdrücke auf Ihrem Rechner; die Ergebnisse stellen eine Kontrolle für Sie dar.

$(3 + \sqrt{10})4^3$ Erg.: 394.386

$\dfrac{\sqrt[3]{8}}{24 + \frac{16}{7}}$ Erg.: 0.0921053

$15\left(1 + \frac{5}{100}\right)^7$ Erg.: 21.1065

$\dfrac{27^2 - \dfrac{13{,}6 - 4{,}7^2}{\sqrt{5} - 3}}{\sin 60^\circ}$ Erg.: 828.9438

1.1.4 Ausgabe

Ziel dieses Abschnitts ist es, einige Möglichkeiten zur Gestaltung von Ausgaben durch Direktausführung kennenzulernen.
Die Ausgabe durch einen PRINT-Befehl bezieht sich grundsätzlich auf eine Zeile.
Die Stelle in der Zeile, an der eine Zahl oder eine Zeichenkette ausgegeben wird, kann auf drei Arten festgelegt werden:

- durch Trennzeichen ";"

```
PRINT SQR(2);SQR(3);SQR(4)
```

  (Es werden die Zahlenwerte aneinandergefügt, eventuell je nach System mit Leerstelle)

- durch Tabulator-Angabe:

```
PRINT TAB(1);SQR(2);TAB(11);SQR(3);TAB(21);SQR(4)
```

  (Es werden die Zahlenwerte ab Stelle 1 bzw. 11 bzw. 21 ausgegeben.)

- durch Trennzeichen ",":

```
PRINT SQR(2),SQR(3),SQR(4)
```

  (Es werden standardmäßige Tabulatorstellen verwendet; je nach Computer andere.)

Probieren Sie auf Ihrem Rechner aus, welches die standardmäßigen Tabulatorstellen bei "," sind.
Was gibt Ihr Rechner bei

```
PRINT TAB(10);SQR(2);TAB(12);SQR(3)

PRINT TAB(20);SQR(2);TAB(10);SQR(3)
```

aus?
Außer Zahlen kann man auch Text ausgeben. Text wird in Anführungszeichen eingeschlossen.

```
PRINT "WURZEL VON 2 = ";SQR(2)
```

Es gibt BASIC-Versionen, bei denen vor und nach Text das Trennzeichen ";" entfallen kann.

Beispiel 1.4 Erweitern des Programms aus Beispiel 1.1 bzw. 1.2 um die Ausgabe der 3. Wurzel und eine Überschrift.

Durchführung

Prüfen Sie durch LIST, ob das Programm noch die Gestalt

```
10  FOR X=1 TO 10
20    PRINT X,SQR(X)
30  NEXT X
40  END
```

hat.
Durch Austauschen von Zeile 20 wird die 3. Wurzel berücksichtigt:

```
20  PRINT X,SQR(X),X↑(1/3)
```

Prüfen Sie mit LIST und RUN, ob alles wunschgemäß ist.
Über die 3 Spalten soll die passende Überschrift vom Rechner ausgedruckt werden. Es muß also vor die Zählschleife ein Druckbefehl eingeschoben werden, also z.B.:

```
8  PRINT "ZAHL","QUADRAT-","KUBIKWURZEL"
```

Prüfen Sie mit LIST und RUN die Wirkung der Zeileneingabe. Neben dieser Überschrift in der Ausgabe des Programms empfiehlt es sich, immer auch dem Programm selbst eine erste Zeile voranzustellen, die das Programm kommentiert:

```
1  REM<<<WURZELTAFEL>>>
```

(REM für remark, engl. Bemerkung.)
Solch eine Kommentarzeile hat keine Wirkung bei der Ausführung des Programms, bei RUN ändert sich nichts am Ausdruck.

1.1.5 Eingabe in ein Programm

Ziel dieses Abschnitts ist es, durch Variation des Programms aus Beispiel 1.4 Möglichkeiten der Eingabe von Daten auszuprobieren. Das Programm aus Beispiel 1.4 ist noch weit davon entfernt, eine "Wurzeltafel" zu ersetzen. Dazu muß es möglich sein, daß auch für andere Zahlintervalle (als 1 ... 10) die Wurzeln ausgegeben werden.

Beispiel 1.5 Das Programm aus Beispiel 1.4 soll so verallgemeinert werden, daß Wurzeln von einem beliebigen Anfangswert A bis zu einnem Endwert E ausgegeben werde.

Durchführung

Damit das Programm flexibler eingesetzt werden kann, sollte der Rechner die Werte A und E zur Zeit des Programmlaufs erfragen. Die Anweisung zum Nachfragen ist INPUT ... (engl. Eingabe):

```
6 INPUT A,E
```

Lassen Sie das Programm nach Einfügen von Zeile 6 laufen.
Der Rechner meldet sich mit "?". Eine mögliche Eingabe wäre z.B.:

Rechner	Eingabe
?	100, 110

Das Bereitzeichen für Eingaben von Daten in ein Programm ist bei BASIC "?".

Beispiel 1.6 Das Programm aus Beispiel 1.5 soll so erweitert werden, daß die Wurzeln in beliebigen Schrittweiten ausgegeben werden, z.B. für die Schrittweite 0.1

X = 1.1 , 1.2 , 1.3 , ... , 1.9

Durchführung

In der Zählanweisung kann man ergänzend eine Schrittweite (engl. step) angeben, z.B.:

```
10 FOR X=A TO E STEP 0.1
```

Die Schrittweite kann man auch wie A und E zur Laufzeit eingeben

```
10 FOR X=A TO E STEP S
6 INPUT A,E,S
```

Die Aufforderung zur Eingabe durch den Rechner sollte noch mit Text erläutert werden, z.B.:

```
4 PRINT "ANFANGSWERT/ENDWERT/SCHRITTWEITE"
```

Es ist damit ein universelles Programm entstanden, das in jeder Hinsicht eine Tafel für Quadrat- und Kubikwurzel ersetzt. (Natürlich nur im Rahmen des auf dem Rechner vorhandenen Zahlbereichs und der möglichen Genauigkeit.)

Übungen

1. Versuchen Sie Fehlermeldungen zu erzeugen. Wie verhält sich der Rechner für negative Zahlen?
2. Was passiert, wenn E < A ist?
3. Sind negative Schrittweiten zulässig?
4. Schreiben Sie ein Programm, das eine Logarithmentafel oder eine Tafel trigonometrischer Funktionen ersetzt.

1.1.6 Die "unendliche" Eingabeschleife

Beim Programm aus Beispiel 1.5 muß bei häufiger Benutzung immer wieder der Befehl zum Programmlauf "RUN" gegeben werden.
Ein Benutzerprogramm für eine bestimmte Aufgabe sollte jedoch immer so organisiert sein, daß der Rechner so lange seinen Service im Dialog anbietet, bis der Benutzer nicht mehr will.

Beispiel 1.7 Der Rechner soll nach Ausgabe einer Wurzeltabelle erneut nach (neuen) Anfangs-, End- und Schrittweitewerten fragen.

Durchführung

Diese Forderung bedeutet, daß das Programm nach Zeile 30 wieder ab Zeile 4 zu bearbeiten ist. Es muß vom Rechner nach Zeile 30 ein Sprung nach Zeile 4 gemacht werden.
Der zugehörige Befehl ist

GOTO ...   (engl. gehe nach ...)

Als Sprungziele werden die Zeilennummern verwendet:

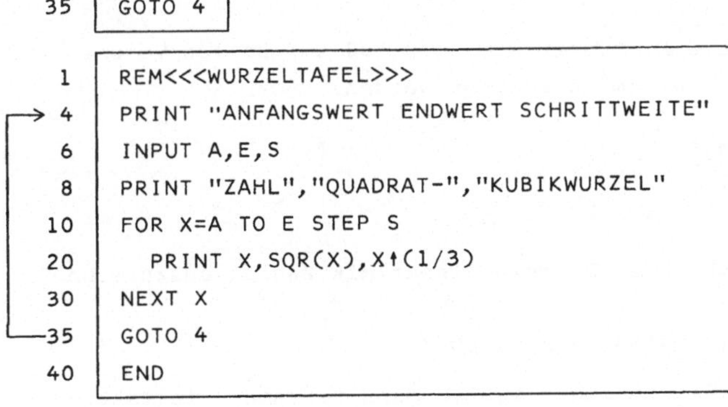

```
35  GOTO 4
```

```
1   REM<<<WURZELTAFEL>>>
4   PRINT "ANFANGSWERT ENDWERT SCHRITTWEITE"
6   INPUT A,E,S
8   PRINT "ZAHL","QUADRAT-","KUBIKWURZEL"
10  FOR X=A TO E STEP S
20    PRINT X,SQR(X),X↑(1/3)
30  NEXT X
35  GOTO 4
40  END
```

Lassen Sie das Programm laufen. Sie werden beobachten, daß der Rechner ständig arbeitet. Sie müssen also die Bearbeitung des Programms unterbrechen. Zur Not kann man immer einen Neustart (engl. RESTART) machen; in der Regel gibt es dazu eine spezielle Taste auf der Tastatur. Prüfen Sie, ob danach das Programm im Arbeitsspeicher verloren ist.
Bei allen Rechnern gibt es jedoch eine Unterbrechungsmöglichkeit, bei der das Programm erhalten bleibt. Sehen Sie darauf Ihr Handbuch durch. Bei apple II ist dies beispielsweise CTRL-C (d.h. das gleichzeitige Drücken der CTRL- und der C-Taste).

1.2 Zuweisungen

Ein entscheidendes Element des Programmierens ist der Begriff der Zuweisung. In den folgenden Abschnitten wird dieser Begriff entwickelt, wobei der Aspekt des zeitlichen Ablaufs als wesentliches Merkmal zu den bisherigen Vorstellungen hinzutritt.
Mit diesem Begriff ist auch der Begriff der Variablen eng verbunden, der einen anderen, dynamischen Charakter hat, im Gegensatz zum statischen Charakter des mathematischen Variablenbegriffs. Es wurden in den zurückliegenden Beispielen bereits Variablen benutzt; es trat jedoch nie die Diskrepanz zum mathematischen Begriff hervor.

1.2.1 Zuweisungen bei der Direktausführung

Ziel dieses Abschnitts ist es, einige Erfahrungen mit Zuweisungen und Variablen - unabhängig von einem Programm - zu machen.

<u>Beispiel 1.8</u> Für die Erdkugel (R = 6370.590 km) sollen Volumen und Oberfläche in km^3 bzw. km^2 berechnet werden:

$$V = \frac{4}{3}\pi r^3 \qquad O = 4\pi r^2$$

Durchführung

Es wäre nun möglich, alle Formeln direkt mit Zahlen auszurechnen, z.B.:

```
PRINT 4/3*3.1415927*6370.590↑3
```

Für die folgenden Berechnungen müßten dann jedesmal die lästigen vielen Ziffern der Zahlen eingegeben werden. Eine einmalige Eingabe müßte ausreichen, z.B.:

```
LET P = 3.1415927    (engl. lasse ... sein!)
LET R = 6370.590
PRINT 4/3*P*R↑3
```

Die übrigen Berechnungen schließen sich an:

```
PRINT 4*P*R↑2
```

Der Computer "merkt" sich also die Zahlen unter einem Namen. Mit diesem Namen können die Zahlen wieder - sooft man will - zitiert werden. Erst eine erneute Zuweisung verändert den gespeicherten Zahlenwert. Die Sonne hat z.B. den Radius R = 1390600 km

```
LET R = 1390600
PRINT 4/3*P*R↑3
```

Mit `PRINT R`

kann man nachprüfen, was unter dem Namen R abgespeichert ist.

1.2.2 Zuweisungen im Programm

Ziel dieses Abschnitts ist es, die zeitlichen Abläufe in einem Programm zu diskutieren.
Die zeitliche Veränderung von Zahlen, die unter einem Namen nacheinander gespeichert sind, macht eine der typischen Programmiertechniken aus. Es ist wichtig, daß man sich diese zeitlichen Abläufe vorstellen kann.

Beispiel 1.9 Eine Anekdote um die Erfindung des Schachspiels sagt, daß der Erfinder sich vom Schah als Belohnung folgendes ausbedungen habe: Er soll die Anzahl der Reiskörner erhalten, die auf dem 64. Feld zu liegen kommen, wenn man mit einem Reiskorn beginnt und von Feld zu Feld die Anzahl verdoppelt.

Der geschilderte zeitliche Vorgang soll im Programm nachvollzogen werden.

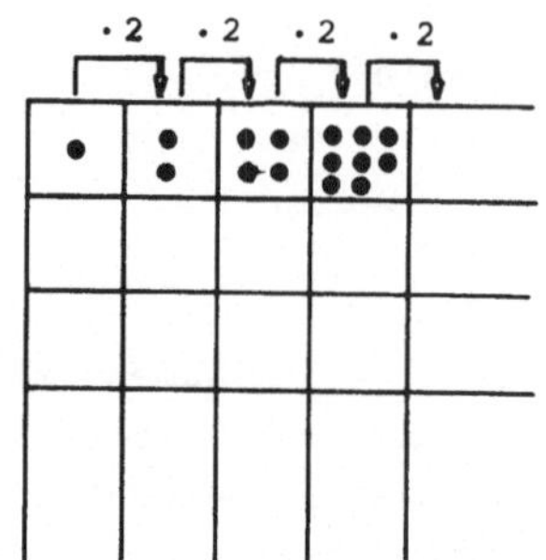

Durchführung

Wir stellen uns den Vorgang noch bildlich vor.
Wir benötigen eine Zählschleife, die die Felder von 1 bis 64 durchzählt.

```
30 FOR N=1 TO 64
   .......
60 NEXT N
```

Für das 1. Feld wird die Körneranzahl 1 gesetzt.

```
20 LET K=1
```

In jedem Schritt wird die Körneranzahl des vorhergehenden Feldes verdoppelt.

K*2

Der so ermittelte Wert wird als neue Körneranzahl (des nächsten Feldes) verwendet. Da die alte Körneranzahl nun nicht mehr wichtig ist, kann man die neue Anzahl unter demselben Namen speichern.

```
50 LET K=K*2
```

Eine solche Zuweisung (in der also links und rechts von "=" derselbe Name vorkommt) ist von besonderer Bedeutung beim Programmieren. Sie muß in ihrem zeitlichen Nacheinander richtig verstanden werden.

	K ⟵	K*2
	nachher	vorher
z.B.	64	32*2

Die Zuweisung ist - trotz Verwendung des Gleichheitszeichens - nicht im Sinne der Mathematik zu interpretieren. Es bleibt noch anzumerken, daß die Richtung der Verarbeitung einer Zuweisung in BASIC nicht durch ein günstiges Zeichen ausgedrückt wird. In PASCAL und anderen höheren Sprachen ist z.B. ":=" üblich, also hier

K:=K*2

Das in BASIC vorhandene "LET" wurde für Benutzer im Laufe der Entwicklung von BASIC lästig;in den meisten BASIC-Versionen dann daher das "LET" fehlen. Wir empfehlen, es während der Anfangsphase des Lernens noch zu benutzen und erst später wegzulassen.

Der zeitliche Ablauf in der LET-Anweisung zusammen mit dem Nacheinander der Durchführung der Zählschleife soll noch genauer dargestellt werden.

Zeitpunkt	Feld-Nr. N	Körnerzahl K
t_1	1	1
t_2	2	2 (·2)
t_3	3	4 (·2)
t_4	4	8 (·2)
*	*	*
*	*	*
*	*	*

Fassen wir die diskutierten Anweisungen zusammen, so ergibt sich

```
10  REM<<<KÖRNERPROBLEM>>>
20  LET K=1
30  FOR N=1 TO 64
40    PRINT "FELD";N,K;" KÖRNER"
50    LET K=K*2
60  NEXT N
70  END
```

Lassen Sie das Programm laufen.
Wie groß ist K nach Ablauf der Zählschleife?

Beispiel 1.10 Die Anekdote aus Beispiel 2.2 wird manchmal auch so erzählt:
Der Erfinder des Schachspiels erhält für das 1. Feld des Schachbretts 1 Korn, für das 2. Feld das Doppelte des 1. Feldes usw. .

Problemlösung

Der Unterschied zu Beispiel 2.2 besteht darin, daß der Erfinder die für ein Feld ermittelte Körneranzahl sofort in seinen Sack S streichen kann. Dort "summieren" sich die Körner als Belohnung auf:

```
LET S=S+K
```

Beachten Sie die zeitliche Reihenfolge: zu den im Sack vorhandenen S Körnern kommen K hinzu (S+K) und werden danach als neuer Sackinhalt weiter behandelt. Zu Beginn ist der Sack leer:

```
LET S=0
```

Außerdem muß die Ausgabe verändert und mit einer Überschrift versehen werden:

```
PRINT "FELD","KÖRNER","SACK"
PRINT  N    ,   K    ,   S
```

An welchen Stellen müssen die beiden Zuweisungen eingefügt werden? Probieren Sie verschiedene Stellen aus und kontrollieren Sie die Richtigkeit am Ausdruck; er muß folgendermaßen aussehen:

FELD	KÖRNER	SACK
1	1	1
2	2	3
3	4	7
*	*	*
*	*	*
*	*	*

Dem Leser, der das Körnerproblem mathematisch deuten kann, ist sicher klar, daß wir mit dem Computer

- bei den Körneranzahlen K die Berechnung der Folgenglieder

  $1, 2, 4, 8, 16, \ldots, 2^{63}$

- und bei der Ermittlung des Sackinhalts die Berechnung der zugehörigen Summe

  $1 + 2 + 4 + 8 + 16 + \ldots + 2^{63}$

programmiert haben.

Schreiben Sie zur Übung Programme zum Berechnen folgender Summen:

$1 + \frac{1}{2} + \frac{1}{4} + \ldots \frac{1}{2^{63}}$ (Erg. 2.0000000)

$1 + \frac{1}{4} + \frac{1}{9} + \ldots + \frac{1}{10000}$ (Erg. 1.6349839)

$1 + \frac{1}{2} + \frac{1}{3} + \ldots + \frac{1}{100}$ (Erg. 5.1873775)

Diese Aufgaben und das Programmschema zum Summieren wird in 1.5.2 genauer diskutiert.

1.3 Entscheidungen

Ein wesentlicher Aspekt der Computerprogrammierung blieb bisher außer Betracht. Man kann dem Rechner nicht nur Vorschriften über auszuführende Rechnungen machen, sondern ihn auch beauftragen, logische Entscheidungen zu treffen und vorsehen, daß er sich je nach Ausgang dieser Entscheidung entsprechend verhält. Wir wollen die Programmiertechniken dazu schrittweise aufbauen. Dabei kommt erschwerend hinzu, daß die von der Problemlösung her notwendigen Formulierungen von Entscheidungen nicht ohne weiteres in BASIC möglich sind.

1.3.1 Einseitige Entscheidung

Ziel dieses Abschnitts ist es, den Typ der einseitigen Entscheidung einzuführen und zu erläutern.

Beispiel 1.11 Es soll ein Programm geschrieben werden, das für einen einzugebenden Netto-Betrag einen Brutto-Betrag berechnet, indem
- die Mehrwertsteuer und
- eine Verpackungspauschale von 5 DM aufgeschlagen wird, falls der Netto-Betrag kleiner als 100 DM ist.

Durchführung

1. Schritt: Die Verpackungspauschale bleibt unberücksichtigt. Dann ergibt sich ein Programm, das die Berechnung des Betrags B Schritt um Schritt vollzieht:

```
10   REM<<<SCHREIBEN EINER RECHNUNG>>>
100  INPUT B
110  PRINT "NETTO-BETRAG",B
300  LET S=B*0.13
310  PRINT "MW-STEUER",S
400  LET B=B+S
410  PRINT "ENDBETRAG",B
500  END
```

Lassen Sie das Programm laufen; die Zeilennummern wurden so gewählt, daß später noch Einfügungen möglich sind.

2. Schritt: Berücksichtigung der Verpackungspauschale

Dazu muß nach Eingabe von B geprüft werden, ob B< 100 ist. Es wird also die Frage

B<100 ?

aufgeworfen, die vom Rechner mit "ja" oder "nein" zu beantworten ist. Bei der Antwort "ja" wird 5 DM auf B aufgeschlagen.

```
LET B=B+5
```

Im anderen Fall, bei der Antwort "nein" wird nichts dergleichen getan. Die Formulierung im Programm wird mit den Wörtern

IF (engl. wenn)
THEN (engl. dann)

durchgeführt:

```
200 IF B<100 THEN LET B=B+5
```

Machen Sie diese Einfügung und testen Sie das Programm mit verschiedenen Werten für B durch.

3. Schritt: Ausgabe der Verpackungspauschale

Eine sinnvolle Forderung ist noch, daß das Ansetzen einer Verpackungspauschale auch auf der Rechnung vermerkt wird. Das könnte man durch eine weitere Entscheidung erreichen, z.B.:

```
190  IF B<100 THEN PRINT "VERPACKUNG 5 DM"
200  IF B<100 THEN B=B+5
```

Der Rechner muß also (unnötigerweise) zweimal dieselbe Entscheidung treffen. In BASIC ist es jedoch (leider) nicht möglich, daß mehr als eine Anweisung hinter "THEN" steht. (Es gibt sogar BASIC-Versionen, die diese Version des IF ... THEN ... gar nicht haben.)

Von unserer Aufgabe her müßte also eine Formulierung der Form

```
wenn B<100 dann führe
  PRINT "VERPACKUNG 5 DM"
  LET B=B+5
aus
```

möglich sein, die die Zusammengehörigkeit der beiden Anweisungen und ihre gemeinsame Abhängigkeit von der Bedingung "B<100" zeigt. Solche klar strukturierenden Anweisungen helfen Fehler vermeiden. So ist z.B. die folgende Folge von Anweisungen falsch programmiert:

```
190  IF B<100 THEN B=B+5
200  IF B<100 THEN PRINT "VERPACKUNG 5 DM"
```

Warum lösen diese Zeilen die Aufgabe nicht korrekt? Wenn Sie es nicht sofort durchschauen, ändern Sie die Zeilen 190 und 200 und spielen Sie das Programm durch; als Testwerte wählen Sie nacheinander B = 90, 97, 100, 102, 105.
Als Fazit haben wir zu ziehen, daß beim Programmieren klar strukturierende Anweisungen zu verwenden sind, um Fehler zu vermeiden. Sind diese Anweisungen in BASIC nicht vorhanden, so verwenden wir deutschsprachige Sprachelemente, die später in BASIC übersetzt werden.
Einige Rechner erlauben eine erweiterte, zweiseitige Entscheidung.

IF *Ausdruck* THEN *Zeilennummer* ELSE *Zeilennummer*

Wird der Ausdruck verneint, so wird nicht die nächstfolgende BASIC-Zeilennummer angesprungen, sondern die dem ELSE-Statement folgende. An Stelle der Zeilennummer kann auch eine Anweisung (PRINT, LET, ..) stehen.

Beispiele:

```
IF A<3 THEN 120 ELSE PRINT "UNERLAUBTE EINGABE"

IF ABS(A-1)<3 THEN PRINT "RICHTIG" ELSE LET A=A+1
```

Wir empfehlen jedoch, diese Konstruktionen grundsätzlich nicht zu verwenden, da sie nicht in jedem Fall so arbeiten, wie man es von der Problemlösung her erwartet.

1.3.2 Bedingter und unbedingter Sprung

Die für Entscheidungen maßgebenden Sprachelemente in BASIC sind der unbedingte und der bedingte Sprung. Es müssen in Zukunft alle Kontrollstrukturen in diese Sprunganweisungen übersetzt werden.
Den unbedingten Sprung haben wir bereits in 1.1.6 kennengelernt: Der Befehl heißt "GOTO ...", das Sprungziel ist eine Zeilennummer. Beispielsweise

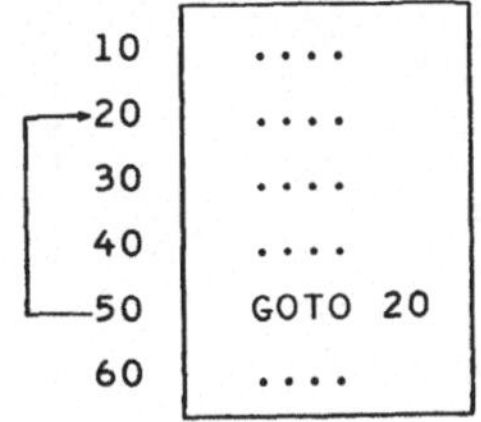

In jedem Fall wird in Zeile 50 nach Zeile 20 gesprungen.
Beim <u>bedingten</u> Sprung hängt die Ausführung des Sprungs vom Eintreten der Bedingung ab.
Beispielsweise

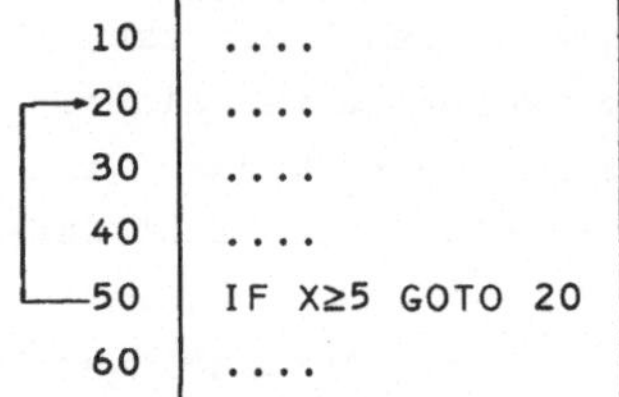

Unter der Bedingung, daß in Zeile 50 die Variable X einen Wert ≥ 5 hat, wird nach Zeile 20 gesprungen.
Die Doppelfunktion der Zeilennummern in BASIC, nämlich

1. Hilfe beim Editieren von Programmen zu sein und
2. als Sprungziele von Sprunganweisungen zu dienen,

bringt immer wieder Zwänge mit sich, die ein problemgerechtes Programmieren erschweren. Wir werden daher in Zukunft beim Problemlösen und Programmieren immer ein Programm erstellen, das keine Zeilennummern enthält. Erst in einem zweiten Arbeitsgang werden diese eingeführt und die Kontrollstrukturen in bedingte und unbedingte Sprünge übersetzt.

<u>Beispiel 1.12</u> Übersetzung des Programms aus Beispiel 1.11 in BASIC

Durchführung

<u>1. Schritt:</u> Das in 1.3.1 entworfene Programm hat folgende Gestalt:

```
REM<<<SCHREIBEN EINER RECHNUNG>>>
INPUT B
PRINT "NETTO-BETRAG",B
wenn B<100 dann führe
  PRINT "VERPACKUNG 5 DM"
  LET B=B+5
aus
LET S=B*0.13
PRINT "MW-STEUER",S
LET B=B+S
PRINT "ENDBETRAG",B
END
```

Das Programm hat dank der eingeschobenen deutschen Vokabeln keine Zeilennummern nötig. Die deutschen Sprachelemente sollen zugleich auch eine Aufforderung zur Übersetzung in BASIC sein. Die sprachliche Wendung "führe ... aus" stellt eine Klammerung dar, d.h. die umfaßten Anweisungen werden nur unter der Bedingung "B<100" ausgeführt. Das Einrücken soll diese Klammerung noch wisuell unterstützen.

2. Schritt: Übersetzung in BASIC
Die Übersetzung in BASIC beginnt mit einer Zeilennumerierung. Sie ist völlig willkürlich, muß jedoch die Anweisungen in aufsteigender Ordnung erfassen. Danach werden die deutschsprachigen Wendungen übersetzt.
Die Zeilen

```
200   wenn  B<100 dann führe
210     PRINT "VERPACKUNG 5 DM"
220     LET B=B+5
230   aus
```

werden in

```
200   IF NOT(B<100) GOTO 230
210     PRINT "VERPACKUNG 5 DM"
220     LET B=B+5
230   REM - WENN - ENDE
```

übersetzt.
Daß die Übersetzung so richtig ist, ist bei diesem einfachen Beispiel einsichtig. Bei komplexeren, verschachtelten Strukturen ist man froh, wenn die Übersetzung schematisiert ablaufen kann. Wir halten daher fest, daß

wenn *Bedingung* dann führe

in

IF NOT (*Bedingung*) GOTO *Zeilennummer*

und das zugehörige

aus

in

Zeilennummer REM-WENN-ENDE

übersetzt wird.
Die Bedingung im IF-Befehl muß im Vergleich zum wenn-Befehl verneint werden (NOT, engl. nicht).
Die meisten BASIC-Versionen lassen die logische Verneinung zu. Falls eine BASIC-Version kein "NOT" enthält, müssen beim Übersetzen die

Vergleichsausdrücke verneint werden (z.B. "B<100" in "B≥100"). Es ist empfehlenswert, den Ausdruck nach NOT in Klammern zu setzen, da einige BASIC-Versionen den Vorrang von "NOT" verschieden realisieren.
Das Ergebnis der Übersetzung ist folgendes BASIC-Programm:

```
 10  REM<<<SCHREIBEN EINER RECHNUNG>>>
100  INPUT B
110  PRINT "NETTO-BETRAG",B
200  IF NOT(B<100) GOTO 230
210    PRINT "VERPACKUNG 5 DM"
220    LET B=B+5
230  REM - WENN - ENDE
300  LET S=B*0.13
310  PRINT "MW-STEUER",S
320  LET B=B+S
330  PRINT "ENDBETRAG",B
340  END
```

Die schematischen Übersetzungsregeln werden in 1.5.2 noch systematisch aufgeführt.

1.3.3 Zweiseitige Entscheidung

Ziel dieses Abschnitts ist es, die zweiseitige Entscheidung einzuführen, der einseitigen Entscheidung gegenüberzustellen und die Übersetzung in BASIC zu erläutern.

Beispiel 1.13 Wir erweitern die Aufgabenstellung aus Beispiel 1.11 wie folgt:
Für Netto-Beträge ≥100 DM wird ein Rabatt von 2 % gewährt.

Durchführung

Zur Erläuterung der Unterschiede zwischen ein- und zweiseitiger Entscheidung wollen wir eine grafische Veranschaulichung zu Hilfe nehmen, die Programmablaufpläne (DIN 66001).

Das Programm aus 1.3.1 stellt sich wie folgt dar:

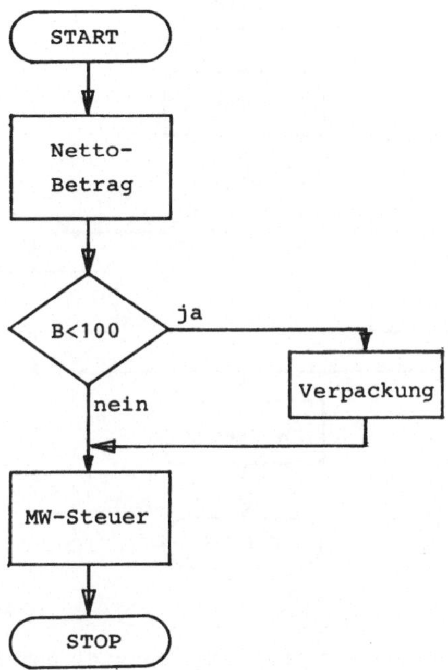

Es ist also der Ablauf der Handlungen (hier nur mit einem Wort angedeutet) dargestellt; die Reihenfolge wird durch Pfeile gekennzeichnet und die Entscheidung durch eine Verzweigung in zwei mögliche Wege, welche danach wieder zusammengeführt werden.
Die Erweiterung der Aufgabenstellung bedeutet, daß auch im Nein-Fall der Entscheidung eine Handlung, nämlich die Gewährung eines Rabatts, ausgeführt wird:

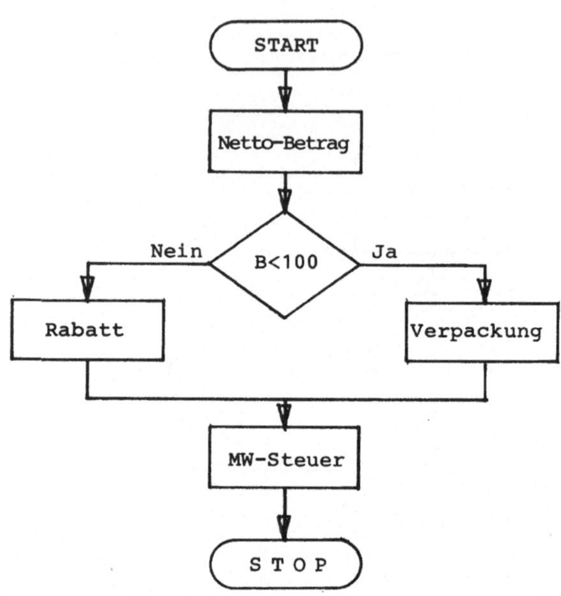

Es ist festzuhalten, daß die grafische Darstellung des Programmablaufs mit diesen Symbolen visuell eine gute Übersicht über die möglichen Wege durch das Programm bei Entscheidungen gibt.
Für die Arbeit am Computer muß jedoch diese Struktur in eine sprachliche Fassung gebracht werden. Da es hierfür im allgemeinen keine adäquaten Sprachmittel in BASIC gibt, müssen wir wieder deutschsprachige Wendungen benutzen und später übersetzen:

```
200  wenn B<100 dann führe
210    PRINT "VERPACKUNG 5 DM"
220    LET B=B+5
230  aus
240  sonst führe
250    LET R=B*0.02
260    PRINT "RABATT",R
270    LET B=B-R
280  aus
```

Die Übersetzung in BASIC, d.h. die Zurückführung auf bedingte und unbedingte Sprünge ergibt das folgende Programm:

```
200  IF NOT(B<100) GOTO 240
210   .....
220   .....
230  GOTO 280
240  REM - SONST
250   .....
260   .....
270   .....
280  REM - WENN - SONST - ENDE
```

Damit Sie die wesentlichen Punkte bei der Übersetzung erkennen, wurde die obere Zeilenfolge bereits durchnumeriert und in der unteren Zeilenfolge nur die zu ändernden Zeilen angegeben.
Neben der Symbolik der Programmablaufpläne werden neuerdings auch andere grafische Systeme verwendet. Weit verbreitet sind Struktogramme. Bei dieser Symbolik sind keine Verbindungslinien und Pfeile erforderlich. Es kann daher nicht der bei komplexen Programmablaufplänen häufige "Drahtverhau" entstehen, der jegliche Struktur eines Programms verdeckt.
Unsere Beispiele mit einseitiger und zweiseitiger Entscheidung stellen sich in dieser Symbolik wie folgt dar:

Einseitige Entscheidung

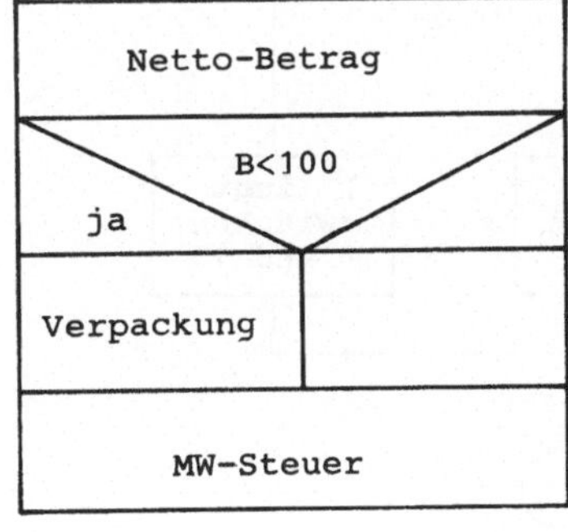

Zweiseitige Entscheidung

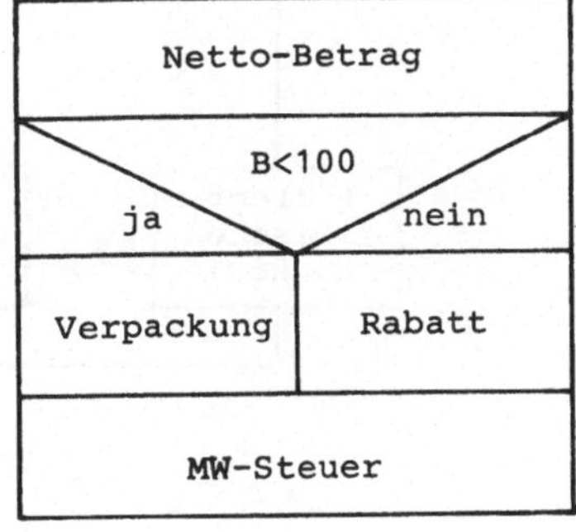

Es werden die Anweisungen grundsätzlich von oben nach unten ausgeführt, d.h. START ist an der oberen, STOP an der unteren horizontalen Linie.

An einem so einfachen Beispiel wie dem vorigen können wir kaum einsichtig machen, daß eine grafische Darstellung oder eine Strukturierung des Programms durch deutsche Sprachmittel eine große Hilfe sind, ja sogar unbedingt notwendig werden. Dies ist erst bei komplexeren Programmen möglich.
Wir wollen jedoch die sprachlichen und grafischen Strukturierungsmittel sowie den Übersetzungsvorgang noch an einem Beispiel erläutern, das verschachtelte wenn-Anweisungen enthält.

Beispiel 1.14 Gegeben seien die Zahlen 5 und 10. Auf Eingabe einer weiteren Zahl X soll der Rechner entscheiden, welche der drei Zahlen zwischen den beiden anderen liegt; d.h. er soll das Urteil

... liegt zwischen ... und ...

ausgeben.

Durchführung

Die Entscheidung muß in zwei Stufen getroffen werden:

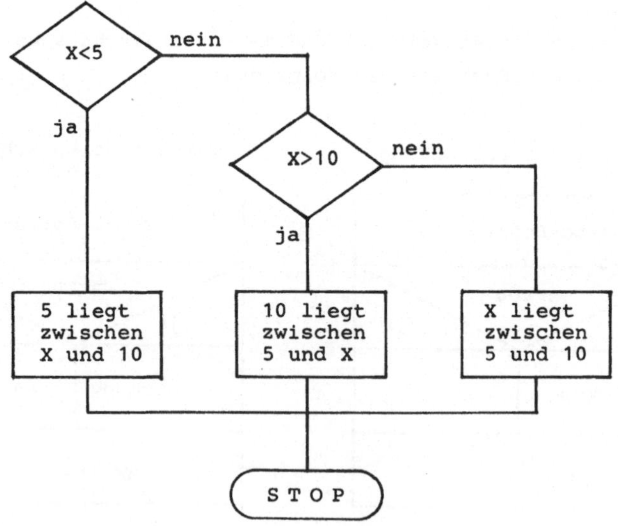

Entsprechend der zweistufigen Entscheidung müssen die wenn-dann-sonst-Befehle verschachtelt sein:

```
200  INPUT X
210  wenn X<5 dann führe
220    PRINT "5 LIEGT ZWISCHEN ";X;" UND 10"
230  aus
240  sonst führe
250    wenn X>10 dann führe
260      PRINT "10 LIEGT ZWISCHEN 5 UND ";X
270    aus
280    sonst führe
290      PRINT X;"LIEGT ZWISCHEN 5 UND 10"
300    aus
310  aus
320  END
```

Bei der Übersetzung solcher Verschachtelungen ist es wichtig, die Sprungziele richtig zu setzen. Es ergibt sich hier:

```
200  ...
210  IF NOT(X<5) GOTO 240
220  ...
230  GOTO 310
240  REM - SONST
250    IF NOT(X>10) GOTO 280
260    ...
270    GOTO 300
280    REM - SONST
290    ...
300    REM - WENN - SONST - ENDE
310  REM - WENN - SONST - ENDE
320  ...
```

Damit man bei noch komplizierteren Schachtelungen die Übersicht behält, werden in 1.5.2 Kommentierungshilfen vereinbart.

1.4 Schleifen

Bereits im ersten Abschnitt haben wir ein Beispiel gegeben, in dem der Rechner durch eine Zählschleife eine ganze Reihe von Handlungen auf ein relativ kurzes Programm hin ausgeführt hat.
Die wiederholte Ausführung von Routinetätigkeiten macht also den Vorzug (und in entsprechendem Kontext) auch die Gefahren des Instruments "Computer" aus.
Die Kontrolle über zu wiederholende Handlungen in Programmen wird mittels Schleifenkontrollstrukturen formuliert.

1.4.1 Solange-Schleife

Ziel dieses Abschnitts ist es, die Eigenschaften der solange-Schleife und ihre Übersetzung in BASIC kennenzulernen.

Beispiel 1.15 In Erweiterung des Programms aus Beispiel 1.13 soll erreicht werden, daß für das Ausdrucken der Rechnung mehrere Posten mit

- Anzahl und Einzelpreis

als Eingaben gemacht werden können, bevor Rabatt, Verpackung und MW-Steuer berücksichtigt werden.

Problemlösung

Die Erweiterung der Aufgabenstellung bezieht sich auf die Ermittlung des Netto-Betrags, der bisher lediglich eingegeben wurde. Realitätsnäher ist jedoch eine Rechnung, die verschiedene Posten aufführt.
Die Ausgabe könnte etwa wie folgt aussehen:

Anzahl		Einzel	Gesamt
2		1.95	3.90
3		2.10	6.30
1		20.50	20.50
Summe			30.70
Verpackung	5.00 DM		
MW-Steuer	4.64 DM		
Endbetrag	40.34 DM		

Es besteht also die Aufgabe, eine Reihe von Eingaben zu verarbeiten. Dabei muß offen bleiben, wieviel Eingaben gemacht werden. Erst auf ein Zeichen des Eingebenden hin soll der Computer die Schlußabrechnung machen.
Damit scheidet als Kontrollstruktur eine Zählschleife aus, da bei ihr ja die Anzahl der Schleifendurchläufe vorab angegeben werden muß. Auch eine "unendliche" Eingabeschleife scheidet aus, da man diese nur durch Abbruch der Programmbearbeitung beenden kann.

Folgende Programmteile müssen vorhanden sein:

Eingabe von Anzahl A und Einzelpreis E

```
INPUT A, E
```

Ausgabe mit Gesamtbetrag P

```
LET P=A*E
PRINT A, E, P
```

Aufsummieren der Gesamtbeträge P zum Netto-Betrag B

Vor jeglicher Eingabe ist B=0

```
LET B=0
```

bei jedem Schritt wird P dazugeschlagen

```
LET B=B+P
```

Wenn wir als Ende-der-Eingabe-Zeichen mit dem Rechner A = 0 vereinbaren, so ergibt sich folgende Zeilenfolge:

```
REM<<<EINGABE VON EINZELPOSTEN>>>
LET B=0
INPUT A,E
solange A≠0 führe
  LET P=A*E
  PRINT A,E,P
  LET B=B+P
  INPUT A,E
aus
PRINT "SUMME",B
```

Übersetzung in BASIC

Die Zurückführung der solange-Schleife auf bedingte und unbedingte Sprünge geschieht in naheliegender Weise:

wenn nicht A≠0 gilt, wird über den Schleifeninhalt hinweggesprungen, sonst wird der Schleifeninhalt ausgeführt und danach erneut geprüft:

```
100  REM<<<EINGABE VON EINZELPOSTEN>>>
110  LET B=0
120  INPUT A,E
130  IF NOT(A≠0) GOTO 190
140    LET P=A*E
150    PRINT A,E,P
160    LET B=B+P
170    INPUT A,E
180  GOTO 130
190  PRINT "SUMME",B
```

Fügen Sie die Zeilen in das Programm aus Beispiel 1.13 ein und testen Sie es aus.
Wir haben bisher Layout-Probleme und Probleme des Rundens von Werten auf sinnvolle Angaben nicht berücksichtigt. Auch zeigt sich an diesem Beispiel, daß bei dieser Programmstruktur sinnvollerweise für die Ausgabe der Rechnung ein anderes Ausgabegerät (z.B. ein Drucker) zu verwenden ist als das Standardausgabegerät (z.B. ein Sichtschirm), auf dem auch die Eingaben protokolliert werden.

1.4.2 Wiederhol-Schleife

Ziel dieses Abschnitts ist es, die Eigenschaften der wiederhol-Schleife und ihre Übersetzung in BASIC kennenzulernen.

Beispiel 1.16 Am 1.1.1980 wird ein Ratensparvertrag abgeschlossen (Zinssatz 7 %) und die erste jährliche Rate von 1000 DM eingezahlt. An welchem 1. Januar wird der Betrag von 20000 DM überschritten?

Problemlösung

Der zeitliche Ablauf dieses Sparvorhabens muß in einem ersten Schritt vorstellungsmäßig geklärt werden. Dazu ist etwa ein "Kontoplan" geeignet.

	Jahr	Guthaben Anf.d.Jahres	Jahreszins	Guthaben Ende d.Jahres
+1	1980	1000,--	70,--	1070,--
	→ 1981	2070,--	144,90	2214,90
	....	....	......	....

Aus dieser Aufstellung lassen sich also folgende Programmteile entnehmen:

Vereinbarungen

```
REM <<< RATENSPAREN >>>
REM     J ... JAHRESZAHL
REM     G ... GUTHABEN
REM     Z ... ZINS
```

Anfangswerte

```
LET   J = 1980
LET   G = 1000
```

Berechnung auf Jahresende

```
LET   Z = G * 0.07
LET   G = G + Z
```

Übergang aufs neue Jahr

```
LET   J = J + 1
LET   G = G + 1000
```

Diese Programmteile werden zusammengefügt: Die Berechnung auf Jahresende und der Übergang aufs neue Jahr sollen wiederholt werden bis G > 20000:

```
REM<<<RATENSPAREN>>>
REM    J ... JAHRESZAHL
REM    G ... GUTHABEN
REM    Z ... ZINS

LET J=1980
LET G=1000
```

```
wiederhole
   LET Z=G*0.07
   LET G=G+Z
   LET J=J+1
   LET G=G+1000
bis G>20000
PRINT "1.1.";J
END
```

Übersetzung in BASIC

Die Zurückführung auf einen bedingten Rücksprung geschieht in naheliegender Weise:

```
 10 REM<<<RATENSPAREN>>>
 20 REM   J ... JAHRESZAHL
 30 REM   G ... GUTHABEN
 40 REM   Z ... ZINS
 50 LET J=1980
 60 LET G=1000
 70 REM - WIEDERHOL - ANFANG
 80   LET Z=G*0.07
 90   LET G=G+Z
100   LET J=J+1
110   LET G=G+1000
120 IF NOT (G>20000) GOTO 70
130 PRINT "1.1.";J
140 END
```

Es ist offensichtlich, daß die Übersetzung der wiederhol-Schleife in BASIC einen geringeren Aufwand erfordert als die solange-Schleife. Andererseits ist es jedoch so, daß solange-Schleifen häufiger von den Problemen her verlangt werden als wiederhol-Schleifen.

Laufenlassen des Programms

Geben Sie das Programm ein und testen Sie es. Verallgemeinern Sie das Programm für beliebigen Zinssatz P und beliebigen Ratenbetrag R. Fügen Sie PRINT-Befehle so ein, daß die Kontoentwicklung ausgegeben wird. An welcher Stelle (und mit welcher Zeilennummer) kann ein PRINT Z, G eingeschoben werden, um den Kontostand am 31.12. eines Jahres ausgedruckt zu bekommen?

1.4.3 Vergleich der Schleifentypen

Ziel dieses Abschnitts ist es, wiederhol- und solange-Schleife inhaltlich zu vergleichen, die Zählschleife einzuordnen und auf Differenzen bei der Realisierung der Zählschleife hinzuweisen.
Der hauptsächliche Unterschied zwischen solange- und wiederhol-Schleife besteht darin, daß die Bedingung vor bzw. nach Ausführung des Schleifeninhalts geprüft wird; die Bedingung ist somit
- im Falle der solange-Schleife eine Ausführungsbedingung, bzw.
- im Falle der wiederhol-Schleife eine Abbruchbedingung.

Solange *Bedingung* führe	Wiederhole
.....	.....
.....	.....
aus	bis *Bedingung*

Die Symbolik der Struktogramme stellt die Schleifen wie folgt dar:

Solange-Schleife | Wiederhole-Schleife

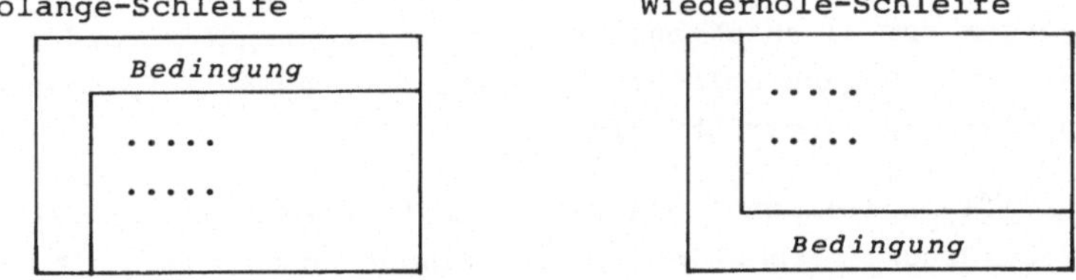

In der grafischen Symbolik der Programmablaufpläne gibt es nach DIN 66001 keine eigenen Symbole für Schleifen. Man kann diese Schleifen nur in ihrer Übersetzung durch bedingte und unbedingte Sprünge darstellen.

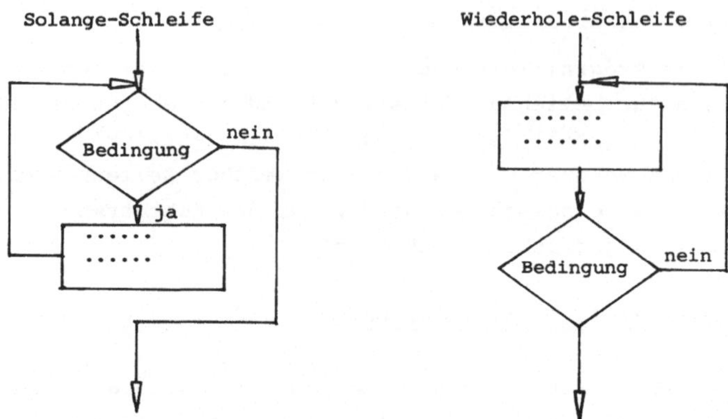

Hieran kann man noch einmal erkennen, daß der Schleifeninhalt der wiederhol-Schleife mindestens einmal ausgeführt wird, während bei der solange-Schleife u.U. - wenn nämlich schon beim ersten Mal die Bedingung verletzt ist - der Schleifeninhalt gar nicht ausgeführt wird. Dieser Sachverhalt wird bei folgender grafischer Anordnung der Symbole noch genauer veranschaulicht:

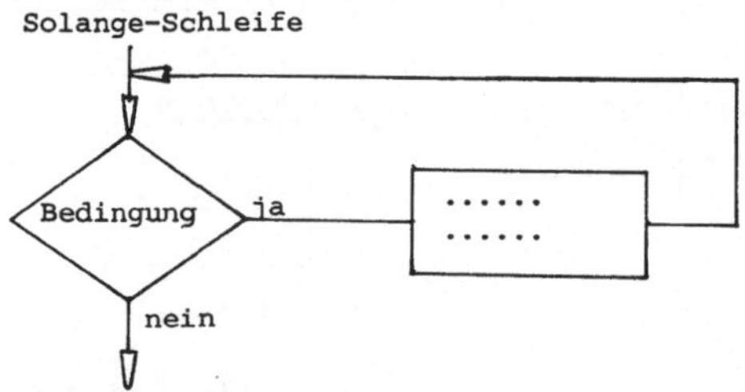

Hierbei ist der Schleifeninhalt grafisch aus dem Hauptstrang herausgerückt und wird nur unter der Bedingung ausgeführt. Solche Überlegungen zum geschickten, strukturentsprechenden Anordnen stellen eine Hauptaufgabe beim Arbeiten mit Programmablaufplänen dar und behindern das Algorithmieren.

<u>Beispiel 1.17</u> Schreiben Sie jeweils ein Programm, das die Zahlen 1 bis K ausdruckt: einmal mit einer solange- und einmal mit einer wiederhol-Schleife.

Durchführung

Die Wahl des Schleifentyps wirkt sich auf die Bedingung aus; die beiden Bedingungen sind logisch entgegengesetzt:

```
INPUT K
LET N=1
solange N<=K führe
  PRINT N
  LET N=N+1
aus
END
```

```
INPUT K
LET N=1
wiederhole
  PRINT N
  LET N=N+1
bis N>K
END
```

Testen Sie beide Programme mit verschiedenen Werten für K.
Was stellt man für K = 0 oder K = -10 fest?
Man erkennt, daß die beiden Programme nicht für alle Werte von K gleich reagieren; sie sind nicht gleichwertig.
Dieselbe Aufgabe könnte auch mit einer Zählschleife gelöst werden:

```
INPUT K
FOR N=1 TO K
  PRINT N
NEXT N
END
```

Testen Sie auf Ihrem Rechner, ob die FOR-NEXT-Schleife als solange- oder als wiederhol-Schleife vom Hersteller realisiert ist.
Von den Problemen her gesehen, muß die Zählschleife als eine spezielle solange-Schleife verstanden werden, d.h. das Programm

```
FOR N=1 TO 0
  PRINT N
NEXT N
END
```

sollte keine Ausgabe haben.
Ergibt sich jedoch bei diesem Programm auf einem Rechner die Ausgabe "1", so ist die Zählschleife als wiederhol-Schleife realisiert. Dies muß man beim Programmieren unbedingt beachten.

1.5 Einfache Programme

In den vorangehenden Abschnitten haben Sie anhand sehr kleiner Programme(hoffentlich im ständigen Kontakt zum Rechner) einige Elemente des Programmierens kennengelernt und eine gewisse Vorstellung von den Arbeitsweisen des Computers gewonnen. Das Erstellen des Programmes stand nicht im Vordergrund. Für das Lösen komplexerer Probleme, für das Entwickeln größerer Programme müssen Techniken des Problemlösens und Programmierens angewandt werden, die den Prozeß des Erstellens eines Programms unterstützen. Als Vorübung dazu wird im folgenden der Vorgang des Programmierens erläutert und einfachere Beispiele und Aufgaben angeführt.

1.5.1 Der Übersetzungsvorgang

Die Lösung einer gegebenen Aufgabe oder eines Problems ist ein geistiger Prozeß, der umso weniger von Richtlinien und Vorschriften beherrscht sein darf, desto mehr er sich im kreativen Bereich bewegt. Ist jedoch eine Aufgabe im Prinzip gelöst, liegt sie z.B. als mathematische Lösung oder als Organisationsplan vor, so besteht das Programmieren noch aus der Aufgabe, die Lösung in Abläufe, Entscheidungen und Schleifen zu bringen, Teillösungen abzuspalten usw., d.h. das Programm als Produkt ingenieurmäßig zu entwickeln. Hierfür empfiehlt sich ein systematisches Vorgehen, das auch noch bei großen, schwierig zu überblickenden Aufgaben anwendbar ist.

Der Prozeß der Problemlösung sollte etwa in folgenden Stufen ablaufen:

1. Schritt: Problemanalyse
   Die Aufgabe sollte möglichst genau beschrieben werden, die Aufgabenstellung wird eventuell präzisiert, eingeengt oder erweitert. In der Regel ist es hilfreich, ein konkretes Beispiel durchzuführen.

2. Schritt: Entwurf der Lösung
   Auf der Ebene verbaler, unexakter Beschreibungen wird ein Plan für die Lösung skizziert. Es können Teillösungen definiert und abgespalten werden; Sonderfälle können zurückgestellt und damit die vorgesehene Lösung eingeengt werden; Spezialfälle können zu-

erst gelöst und ihre Verallgemeinerbarkeit erörtert werden usw. Neben verbaler Beschreibung können auch schon grafische Mittel wie Struktogramme oder Programmablaufpläne herangezogen werden.

3. Schritt: Algorithmieren, Programmieren
Aus dem Lösungsentwurf wird schrittweise - auch in Rückkoppelung mit diesem - der Algorithmus durch Präzisierung (auf einen bestimmten Ausführenden zu) weiterentwickelt.
Nach den Fähigkeiten des Ausführenden oder - für eine Maschine formuliert - den Grundoperationen des Prozessors richtet sich der Detaillierungsgrad bei der Formulierung.
Diesen Detaillierungsgrad setzen wir hier im Einklang mit dem derzeitigen Diskussionsstand in der informatischen Ausbildung auf das Niveau einer strukturierenden Sprache (PASCAL-Niveau). Es steht jedoch außer Frage, daß in Zukunft durch die Entwicklung und Verbreitung noch höherer Sprachen immer komplexere Grundoperationen von Computern verarbeitet werden können als dies in PASCAL möglich ist.
Auf dem Niveau einer strukturierenden Sprache kann eine fruchtbare Wechselwirkung zwischen Programm und Problemlösungsprozeß stattfinden, ohne daß eine zu starke Belastung durch Maschineneigenheiten gegeben ist.

4. Schritt: Übersetzung in BASIC
Die Anpassung eines Programms auf einen BASIC-Prozessor stellt einen vom Problemlösen und Programmieren getrennten Vorgang dar. Wir werden ihn so formalisieren, daß wir diesen Vorgang in Zukunft beim Programmieren nicht mehr erörtern müssen.

5. Schritt: Bewährung des Programms
Die Bewährung eines Programms kann auf verschiedene Weise und unter verschiedenen Gesichtspunkten geschehen.
Beispiele:
- Durchsicht des Programms nach Prinzipien der Verifikation
- Gutachterurteil (vor allem für den Lernenden wichtig)
- Fehler oder falsches Verhalten beim Lauf
- ungenügendes Verhalten unter Gesichtspunkten der Effektivität bezüglich Laufzeit, Speicherplatzbedarf u.ä.

Dies kann jeweils zu Revisionen in einem der vorangehenden Schritte führen.

Über den Wert grafischer Darstellungsmittel als Hilfe beim Programmieren gibt es widersprüchliche Auffassungen.
Danach spricht für eine grafische Darstellung von Abläufen
- die Möglichkeit der Strukturierung in zwei Dimensionen und damit
- eine ganzheitliche Erfassung von Strukturen.

Dagegen spricht, daß
- grafisch dargestellte Algorithmen noch in eine sprachliche Fassung für den Computer gebracht werden müssen, und daß
- man bei grafischen Darstellungen immer mit den Grenzen des Papiers und Platzmangel in Rauten, Dreiecken u.a. zu kämpfen hat.

Insgesamt dürfte eine Entscheidung weitgehend vom methodischen Geschmack, vielleicht auch von der Gewöhnung oder vom Wahrnehmungstyp des Einzelnen abhängen.
Eine durch Einrückungen "grafisch" gegliederte, aber sonst sprachlich gefaßte Folge von Zeilen, kann die Struktur eines Programms ebenfalls weitgehend darstellen. Wir werden in den folgenden Teilen des Buches nur davon Gebrauch machen.

Während des Arbeitens mit dem Rechner entwickelt sich beim Benutzer eine Vorstellung über die Arbeitsabläufe und Mechanismen im Rechner. Ob diese Vorstellung der technischen Realität entspricht ist nebensächlich; die Vorstellung muß jedoch den Ablauf der Programme erklären können. Denn erst wenn man sich die ausführende Maschine, den Prozessor, in seinen Fähigkeiten und möglichen Handlungen vorstellen kann, kann man Arbeitsabläufe für sie vorprogrammieren.
Wir haben bisher zwei Maschinenvorstellungen (implizit) verwendet:
- einen Prozessor von Programmen mit
  wenn ... dann ... (sonst)
  solange ... führe ... aus
  wiederhole ... bis ...
  als Kontrollstrukturen (Strukto-Maschine) und
- den BASIC-Prozessor, der lediglich bedingte und unbedingte Sprünge ausführen kann (Sprungmaschine).

Programmieren ist nun das für einen maschinellen Prozessor geeignete Aufbereiten und Formulieren eines Algorithmus. Das Lösen einer Aufgabe, das Aufbereiten für einen Prozessor und das Formulieren in einer geeigneten Sprache ist eng miteinander verwoben,

es bestehen Wechselwirkungen zwischen ihnen. Insbesondere wirken die Sprachmöglichkeiten, ihre Nähe zu Strukturen von Problemlösungen und die Vorstellungen über den zugehörigen Prozessor positiv auf den Prozeß des Problemlösens zurück. So ist es z.B. ein eindeutiges Ergebnis der Diskussion in der Fachinformatik, daß Denken in Kontrollstrukturen, wie sie in 1.3 und 1.4 eingeführt wurden, einem Denken in Sprüngen (vgl. 1.3.2) vorzuziehen ist, wenn man komplexere Probleme zu lösen hat. Wir empfehlen daher, grundsätzlich beim Prozeß des Programmierens keine sprungorientierten Befehle wie GOTO ... oder IF ... GOTO ... zu verwenden, sondern immer ohne Zeilennummern und mit den strukturierenden Kontrollstrukturen zu arbeiten.
Es muß also beim Prozeß des Problemlösens eine Version des Programms entstehen, die keine Zeilennummern und Sprungbefehle enthält, jedoch vollständig formuliert ist. Diese Version dient zur Dokumentation des Programms, an ihr werden etwaige Änderungen durchgeführt.
Bei dieser Dokumentationsversion
- steht jede Anweisung in einer eigenen Zeile und
- werden die Kontrollstrukturen in genau festgelegter Weise über mehrere Zeilen verteilt.

Der Übersetzungsvorgang läuft dann in folgenden Schritten ab:

1. Numerierung der Zeilen (z.B. im Zehnerabstand)
   Zeilennummern koordinieren die Zeilen der Dokumentations- und der BASIC-Version.
2. Übersetzung der Kontrollstrukturen, wie es in Abschnitt 1.3 und 1.4 entwickelt wurde und unten zusammengestellt ist.
3. Kommentierung der Übersetzung
   Bei verschachtelten Strukturen ist es hilfreich, wenn im BASIC-Programm vermerkt ist, aus welcher Kontrollstruktur ein IF NOT .. GOTO ... oder ein GOTO ... entstanden ist.
   Es wird bei den unten zusammengestellten Übersetzungsschemata ein Vorschlag zur Kommentierung gemacht. Es wird dabei ausgenutzt, daß man in vielen BASIC-Versionen durch ":" (oder andere Zeichen) mehrere Anweisungen in eine Zeile schreiben kann. Wir raten dringend, dies nur zum Anfügen von Kommentaren zu benutzen.

Die Länge dieser angefügten Kommentare und Abkürzungen für die Kontrollstrukturen sollten Sie passend für Ihren Sichtschirm wählen.

4. Darstellung der Schachtelung
   Es ist bei komplexeren Programmen notwendig, die Schachtelung der Kontrollstrukturen auch noch im BASIC-Programm darzustellen. Dazu dient
   - das Einrücken "tieferer" Befehle bei der Eingabe und
   - die Angabe der Schachtelungstiefe durch eine Ziffer im Kommentar.

   Bei vielen Mikrorechnern gehen Einrückungen in BASIC grundsätzlich beim ersten Fehlersuchvorgang des Rechners verloren. Ein mit Einrückungen versehenes BASIC-Programm wird oft leider bereits beim ersten LIST auf Einheitsform gebracht. In diesem Fall sind die Ziffern zur Angabe der Schachtelungstiefe besonders wichtig.
   Noch einige Bemerkungen zum Arbeiten mit BASIC-Taschenrechnern:

   Die Empfehlungen zur Kommentierung des BASIC-Programms setzen voraus, daß eine Hilfe beim Überblicken des Programms auf Bildschirm oder Papier notwendig ist. Ist dies von vornherein unmöglich, da z.B. nur eine Zeile jeweils gezeigt werden kann, so brauchen keine Kommentare in den Rechner gegeben zu werden. Das Programm wird dann am besten in einer handschriftlichen Version, in der mit Farbstift Zeilennummern und übersetzte Kontrollstrukturen eingetragen sind, als Vorlage für das Arbeiten mit dem Rechner (und zur Dokumentation) genutzt. Zeilennummern koordinieren dann die Vorlage mit dem eingegebenen Programm.

Übersetzungsschemata

Man erkennt an den Übersetzungsregeln, daß eine Bedingung in allen Fällen verneint werden muß. Außerdem ist die Anordnung der deutschsprachigen Schlüsselwörter so gewählt, daß keine Zeile hinzukommt oder wegfällt. Die beiden Versionen des Programms stimmen also in der Zeilenzahl überein.
Beispiele für die Anwendung dieser Übersetzungsschemata werden im nächsten Abschnitt gegeben. Für die folgenden Teile des Buches wird jedoch im allgemeinen die Übersetzung in BASIC nicht mehr ausgeführt. Wir setzen voraus, daß der Leser dies selbst machen kann.

Einseitige Entscheidung

```
...  | wenn Bedingung dann führe
...  |   Anweisung
...  |   Anweisung
...  |   ...
ZN   | aus
```

```
...  | IF NOT (Bedingung) GOTO ZN: REM-WENN-ANF 11111
...  |   Anweisung
...  |   Anweisung
...  |   .....
ZN   | REM-WENN-ENDE 1111111111111111111111111111111
```

Zweiseitige Entscheidung

```
...  | wenn Bedingung dann führe
...  |   Anweisung
...  |   Anweisung
...  |   ....
...  | aus
ZN1  | sonst führe
...  |   Anweisung
...  |   Anweisung
...  |   ....
ZN2  | aus
```

```
...  | IF NOT (Bedingung) GOTO ZN1: REM-WENN-ANF 11111
...  |   Anweisung
...  |   Anweisung
...  |   ....
...  | GOTO ZN2
ZN1  | REM-WENN-SONST 11111111111111111111111111111
...  |   Anweisung
...  |   Anweisung
...  |   .....
ZN2  | REM-WENN-ENDE 111111111111111111111111111111111
```

Solange-Schleife

```
ZN1   | solange Bedingung führe
...   |   Anweisung
...   |   Anweisung
...   |   ....
...   | aus
ZN2   | .....
```

```
ZN1   | IF NOT (Bedingung) GOTO ZN2:REM-SOL-ANF 11111
...   |    Anweisung
...   |    Anweisung
...   |    ....
...   | GOTO ZN1: REM-SOL-ENDE 1111111111111111111111
ZN2   | ...
```

Wiederhol-Schleife

```
ZN    | wiederhole
...   |   Anweisung
...   |   Anweisung
...   |   ....
...   | bis Bedingung
```

```
ZN    | REM-WIED-ANF 11111111111111111111111111111111111
...   |   Anweisung
...   |   Anweisung
...   |   ....
...   | IF NOT (Bedingung) GOTO ZN: REM-WIED-ENDE 11111
```

1.5.2 Beispiele und Übungen

Ziel dieses Abschnitts ist es, einige Beispiele zu bieten, bei denen die Entwicklung des Algorithmus und seine Begründung dargestellt ist. Sie dienen zugleich als Illustration für den Übersetzungsvorgang in BASIC. Zur Übung sind jeweils verwandte Aufgaben gestellt.
Im Abschnitt 1.2.2 wurde im Beispiel 1.10, dem Körnerproblem, die Summation von Werten eingeführt. Dieses Schema der Summation von anfallenden Werten A zu einer "laufenden" Summe S hat folgende Gestalt:

vor der Schleife	LET S = 0
in der Schleife	LET S = S + A
nach der Schleife	PRINT S

Es ist wichtig, daß dieses Schema auch bei komplexeren Programmen noch im fertigen Programm erkennbar ist, um die Richtigkeit des Programms auch bei Änderungen beurteilen zu können.

Beispiel 1.18 Schema der Produktbildung
Stellen Sie ein Schema für die Produktbildung auf und schreiben Sie ein Programm zur Berechnung der Fakultät n! einer natürlichen Zahl n . Das Symbol n! ist definiert als

$$0! = 1 \ , \ 1! = 1 \ , \ 2! = 1\cdot 2 \ , \ 3! = 1\cdot 2\cdot 3 \ , \ \ldots$$

Durchführung

Das "laufende" Produkt P hat vor der Schleife den Wert 1 und wird bei jedem Durchlauf der Schleife mit dem anfallenden Wert A multipliziert.

vor der Schleife	LET P = 1
in der Schleife	LET P=P*A
nach der Schleife	PRINT P

Der erste für eine Multiplikation wesentliche Wert für A ist 2; bei der Schleife muß es sich offenbar um eine solange-Schleife

handeln, da im Falle N=0 und N≐1 nicht multipliziert werden muß, die Schleife also nicht ausgeführt werden darf.
Damit ergibt sich folgendes Programm:

```
 10  REM<<<FAKULTÄT>>>
 20  INPUT N
 30  LET P=1
 40  LET A=2
 50  solange A≤N führe
 60    LET P=P*A
 70    LET A=A+1
 80  aus
 90  PRINT N;"! = ";P
100  END
```

Prüfen Sie gedanklich nach, daß das Programm für 0!, 1!, 2!, 3! richtig läuft.
Die Übersetzung geht streng nach dem Schema und führt auf:

```
 10  REM<<<FAKULTAET>>>
 20  INPUT N
 30  LET P=1
 40  LET A=2
 50  IF NOT (A≤N) GOTO 90: REM SOLANGE-ANFANG------
 60    LET P=P*A
 70    LET A=A+1
 80  GOTO 50: REM SOLANGE-ENDE---------------------
 90  PRINT N;"! = ";P
100  END
```

Es sei ausdrücklich darauf hingewiesen, daß eine FOR-NEXT-Schleife statt der solange-Schleife für dieses Problem im allgemeinen nicht verwendet werden kann (vgl. Abschnitt 1.4.3).

Übungen

1. Schreiben Sie ein Programm, das π näherungsweise nach dem unendlichen Produkt

$$\frac{\pi}{2} = \frac{2}{1} \cdot \frac{2}{3} \cdot \frac{4}{3} \cdot \frac{4}{5} \cdot \frac{6}{5} \cdot \frac{6}{7} \quad \cdots$$

berechnet, indem Sie die Entwicklung von 2*P beobachten und mit

$\pi = 3.141593$

vergleichen.

2. Schreiben Sie ein Programm, das für beliebige a und die natürliche Zahl k den Wert $\binom{a}{k}$ berechnet, wobei

$$\binom{a}{k} = \frac{a \cdot (a-1) \cdot (a-2) \cdot \ldots \cdot (a-k+1)}{1 \cdot 2 \cdot 3 \cdot \ldots \cdot k}$$

Beispiel 1.19 Hornersches Schema

Gegeben sei ein Polynom

$$a_n x^n + a_{n-1} x^{n-1} + \ldots + a_1 x + a_o .$$

In einem Programm soll zu vorgegebenem x der Wert des Polynoms berechnet werden.

Durchführung

Wir nehmen für die Problemanalyse ein Polynom vom Grad 4

$$ax^4 + bx^3 + cx^2 + dx + e$$

Wir erkennen, daß für die Berechnung allein

4 + 3 + 2 + 1 = 10 Multiplikationen (Potenzen in Multiplikationen aufgelöst) und 4 Additionen erforderlich sind. Man kann jedoch das Polynom auch geschickter in Multiplikationen und Additionen auflösen:

$$(((a \cdot x + b) \cdot x + c) \cdot x + d) \cdot x + e$$

Dann ergeben sich nur 4 Multiplikationen und 4 Additionen. Außerdem kann der Ausdruck fortlaufend von links nach rechts mit wechselnden

- Multiplikationen mit x und
- Additionen des Koeffizienten

berechnet werden.

Y sei der Wert, der durch die Multiplikationen und Additionen zum Schluß zum Polynomwert wird.

Wir nehmen für eine erste Version des Programms an, daß die Koeffizienten beim Lauf in das Programm eingegeben werden:

vor der Schleife (Koeffizient a_n)	INPUT A,X LET Y=A

in der Schleife (Koeffizient a_k)	FOR K=N-1 TO 0 STEP -1
	  INPUT A
	  LET Y=Y*X+A
	NEXT K

nach der Schleife	PRINT Y END

Übungen

1. Berechnen Sie das Polynom

   $y = 5x^4 - 8x^3 + 2x^2 - 3x + 1$

   für x = 1.532

2. Für zu versteuerndes Einkommen X von 16001 DM bis 47999 DM beträgt nach § 32a EStG (1980) die Steuer

   (((10.86 Y - 154.42) Y + 925) Y + 2200) Y + 2708 ,

   wobei Y = (X - 16000)/10000.

   Die erforderlichen Rechenschritte sind in der Reihenfolge auszuführen, die sich nach dem Horner-Schema ergibt. Dabei sind die sich aus den Multiplikationen ergebenden Zwischenergebnisse für jeden weiteren Rechenschritt mit drei Dezimalstellen anzusetzen; die nachfolgenden Dezimalstellen sind fortzulassen.

   Der sich ergebende Steuerbetrag ist auf den nächsten vollen DM-Betrag abzurunden.

   Hinweis: Nehmen Sie in einer ersten Version des Programms keine Rücksicht auf die Rundungsvorschrift und arbeiten sie diese später ein. Studieren Sie die Unterschiede.

   Das Abrunden auf den nächsten vollen DM-Betrag geschieht durch die Funktion INT(.....)(das Ganze von ...), das Abschneiden nach der 3. Dezimalstelle durch INT(A*1000)/1000.

<u>Beispiel 1.20</u> Wachstums- und Schrumpfungsprozesse

Die Bevölkerung der Bundesrepublik beträgt ca. 60 Millionen gebürtige Deutsche und ca. 6 Millionen Gastarbeiter. Die deutsche Bevölkerung schrumpft um 0,2 %, die Gastarbeiterbevölkerung nimmt um 2,5 % zu.

Unter der Annahme, daß diese Werte über längere Zeit fest bleiben, soll berechnet werden, wann der Anteil der Gastarbeiter auf 20 % gestiegen ist.

Durchführung

```
REM<<<WACHSTUM UND SCHRUMPFUNG>>>
LET A=60
LET B=6
LET J=0
wiederhole
  LET A=A-A*0.002
  LET B=B+B*0.025
  LET J=J+1
bis B≥0.2*A
PRINT J
END
```

J wirkt als Jahreszähler. Das Zielereignis tritt in der Abbruchbedingung der wiederhol-Schleife auf.

Übungen

1. Ein Kredit von 100000 DM, der mit 8,5 % verzinst werden muß, wird mit a DM jährlich getilgt. Wie groß muß a sein, damit der Kredit in 10 Jahren getilgt ist?
   Wie groß muß a mindestens sein, damit überhaupt getilgt wird?
   Anleitung: Schreiben Sie ein Programm, das A als Eingabe zuläßt und die Entwicklung des Kredits bei Tilgung ausgibt. Spielen Sie das Programm für verschiedene Werte von A durch.
2. Im Jahre 1980 lebten auf der Erde 4,5 Milliarden Menschen.
   Auf welche Größe wird die Weltbevölkerung im Jahre 2000 angewachsen sein, wenn die jährliche Wachstumsrate von 1,8 % anhält? (Erg.: 6,429 Milliarden).
   In welchem Zeitraum wird sich unter gleicher Voraussetzung die Weltbevölkerung verdoppeln? (Erg.: Bis zum Jahre 2019).

<u>Beispiel 1.21</u> Intervallschachtelung

Die Quadratwurzel $\sqrt{r}$ einer Zahl wird durch folgende Intervallschachtelung erfaßt:

$$a_o=1,\ b_o=r$$

$$b_{n+1}=(a_n+b_n)/2$$

$$a_{n+1}=\frac{r}{b_{n+1}} \qquad \text{für } n=0,1,2,\ldots.$$

Schreiben Sie ein Programm, das Quadratwurzeln auf 6 Dezimalen berechnet.

Begründung

Diese Intervallschachtelung, die auf Heron zurückgehen soll, ist ein sehr gutes Verfahren zur Berechnung der Wurzel. Da es sich zudem leicht und anschaulich begründen läßt, wird es gerne in der Schule behandelt. Wir wollen daher im folgenden die geometrische Begründung knapp darstellen.

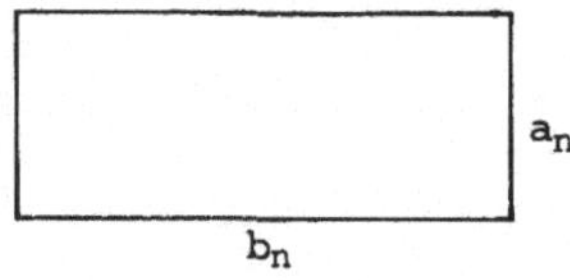

Grundidee des Verfahrens ist, daß der Radikand r als Flächeninhalt eines Rechtecks mit den Seiten a_n und b_n gedeutet wird. Dabei sei a_n die kleinere und b_n die größere Rechtecksseite, d.h. wir betrachten den Fall r>1.

Ziel des Verfahrens ist es, dieses Rechteck schrittweise immer quadratähnlicher zu machen. Der Unterschied zwischen den beiden Rechteckseiten wird sicher geringer, wenn man als eine neue Rechteckseite den Mittelwert $\frac{a_n+b_n}{2}$ wählt. Es ist nun nicht sofort klar, ob dies die größere Rechteckseite b_{n+1} oder die kleinere a_{n+1} eines quadratähnlicheren Rechtecks ist. Die Entscheidung gibt eine Zeichnung, in der das Rechteck mit den Seiten a_n und b_n in zwei Lagen eingezeichnet ist. Der Mittelpunkt von $\overline{AB}$ hat $\frac{a_n+b_n}{2}$ als Abszisse und Ordinate. Jeder Punkt P der Hyperbel durch A und B definiert

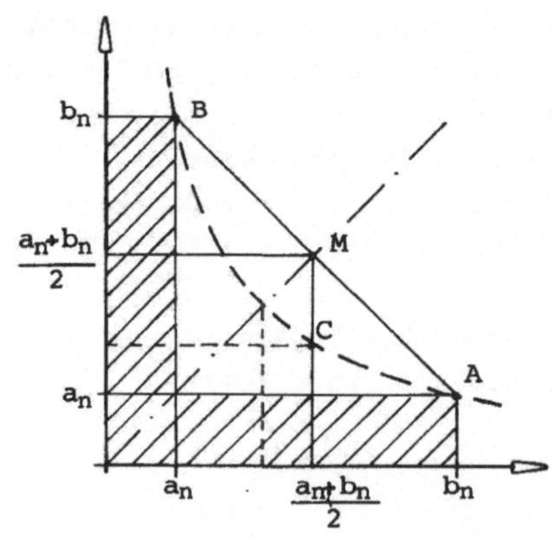

zusammen mit den Koordinatenachsen flächengleiche Rechtecke der Fläche r. Da die Hyperbel im Vergleich zu $\overline{AB}$ "durchhängt", erkennt man, daß $\frac{a_n + b_n}{2}$ die größere Seite, also b_{n+1} sein muß. Man erkennt weiter, daß $\sqrt{r}$ immer zwischen a_n und b_n liegt. Die Konvergenz des Verfahrens ist zudem geometrisch anschaulich.

Durchführung

Die Intervallschachtelung gibt jeweils eine untere Schranke a_n und eine obere Schranke b_n für den gesuchten Wert. $b_n - a_n$ ist ein Maß für die Genauigkeit. Die Forderung, daß ein Ergebnis auf 6 Dezimalen genau angegeben sein soll, bedeutet

$$b_n - a_n < 0.000001$$

für geeignetes n, falls $\frac{a_n + b_n}{2}$ ausgegeben wird.
Damit ergibt sich für $r > 1$

```
REM<<<WURZEL NACH HERON>>>
INPUT R
LET A=1
LET B=R
wiederhole
  LET B=(A+B)/2
  LET A=R/B
bis B-A < 0.000001
PRINT (A+B)/2
END
```

Übungen

1. Welche Änderungen ergeben sich, wenn man $0 \leq r \leq 1$ für das Programm zulassen will?
2. Fügen Sie in das Programm des Beispiels PRINT-Befehle so ein daß Sie die Entwicklung der Intervallschachtelung beobachten können.
3. Die Intervallschachtelung des Beispiels kann auch als Iterationsfolge geschrieben werden:

$$x_o = 1$$
$$x_{n+1} = \frac{1}{2}(x_n + \frac{r}{x_n})$$

Vergleichen Sie die Konvergenz dieser Folge mit

$$u_0 = 1$$

$$u_{n+1} = \frac{u_n^3 + 3ru_n}{3u_n^2 + r}$$

indem Sie beide Folgen in demselben Programm über z.B. 10 Schritte berechnen und verschiedene Werte von r ausprobieren.

4. Berechnen Sie π auf 6 Dezimalen nach folgender Intervallschachtelung:

$$\frac{1}{y_n} < \pi < \frac{1}{x_n} \quad \text{mit}$$

$$x_{n+1} = \frac{x_n + y_n}{2} \qquad x_0 = \frac{1}{4}$$

$$y_{n+1} = \sqrt{y_n \cdot x_{n+1}} \qquad y_0 = \frac{1}{4}\sqrt{2}$$

(Methode des Cusanus, Engel 1977, S. 70)

5. Berechnen Sie die $\sqrt[k]{a}$ auf 6 Dezimalen nach der Intervallschachtelung:

$$x_0 = 1$$

$$y_n = \frac{a}{x_n^{k-1}}$$

$$x_{n+1} = \frac{1}{k}\left((k-1)x_n + y_n\right)$$

(Geometrische Begründung siehe Löthe-Müller 1979, S. 98)

Beispiel 1.22 Suchen einer Nullstelle

Eine stetige Funktion f(x) habe im Intervall [A, B] einfache Nullstellen. f(x) sei so beschaffen, daß es einen kleinsten Abstand zwischen je zwei Nullstellen gibt. D sei kleiner als dieser Abstand. Man bestimme die kleinste Nullstelle von f(x) auf 5 Dezimalen.

Durchführung

Ausgehend von A wird in Schritten der Länge D nach dieser Nullstelle gesucht. Dazu schieben wir ein Testintervall [L, R] von A aus durch.
Das Durchschieben ist in folgendem Schema formuliert:

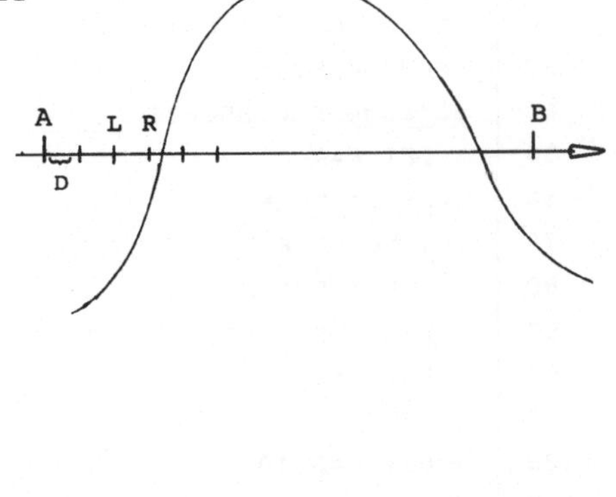

```
LET R=A
wiederhole
  LET L=R
  LET R=L+D
  ....
bis L≥B
```

Der Test, ob eine Nullstelle im Intervall liegt, läßt sich durch Vorzeichenvergleich der Funktionswerte erhalten. Bei einfachen Nullstellen stimmen die Vorzeichen nicht überein:

```
REM---SUCHEN EINER NULLSTELLE
LET R=A
wiederhole
  LET L=R
  LET R=L+D
bis SGN(f(L))≠ SGN(f(R)) OR L≥B
```

Wenn die Nullstelle in einem Intervall eingeschlossen ist, läßt sie sich nach verschiedenen Methoden weiter einschränken.
Beispielsweise nach folgendem Verfahren:

- A und B werden nunmehr zu den gefundenen Endpunkten L und R des Intervalls gemacht,
- D wird verkleinert,
- der Vorgang wird so lange durchgeführt, bis die Genauigkeit erreicht ist.

```
10  REM<<<SUCHEN EINER NULLSTELLE>>>
20  Festlegen der Funktion
30  INPUT A,B,D
40  solange D>0.000001 führe
50    LET R=A
60    wiederhole
70      LET L=R
80      LET R=L+D
90    bis SGN(f(L))≠ SGN(f(R)) OR L≥B
100   LET A=L
110   LET B=R
120   LET D=D/10
130 aus
140 PRINT (A+B)/2
150 END
```

Übersetzung

```
10  REM<<<SUCHEN EINER NULLSTELLE>>>
20  Festlegen der Funktion
30  INPUT A,B,D
40  IF NOT (D>0.000001) GOTO 140: REM-SOLANGE-ANF 1111111111
50    LET R=A
60    REM-WIEDERHOL-ANF 2222222222222222222222222222222222
70      LET L=R
80      LET R=L+D
90    IF NOT SGN(f(L)) ≠SGN(f(R)) OR L≥B GOTO 60: REM-WIEDER-
                                        HOL-ENDE 2222222222
100   LET A=L
110   LET B=R
120   LET D=D/10
130 GOTO 40: REM-SOLANGE-ENDE 11111111111111111111111111111
140 PRINT (A+B)/2
150 END
```

Übungen

1. Bestimmen Sie die Nullstelle von $f(x) = x^3 + x^2 + 1$ nach dem Verfahren.
   Hinweis: Das Festlegen der Funktion kann im BASIC-Programm durch
   ```
   DEF FNA(X) = X↑3 + X↑2 + 1
   ```
   geschehen. Es ist dann z.B. statt
   f(L) .... FNA(L)
   beim Aufruf der Funktion zu schreiben.
2. Lösen Sie die transzendenten Gleichungen
   $\cos x = x$ und $e^x + x = 0$

Beispiel 1.23 Diophantische Gleichung
Eine diophantische Gleichung (d.h. eine Gleichung mit ganzzahligen Koeffizienten und Lösungen) soll durch Probieren gelöst werden. Beispielsweise: Eine Belegschaft von 521 Personen macht einen Betriebsausflug. Wieviel Busse mit 21 Personen, für 41 Personen und 43 Personen fassen genau alle Personen?

Durchführung

Mit den Anzahlen a, b, c für die Busse mit 21, 41 bzw. 43 Sitzplätzen ergibt sich die Gleichung

$$21a + 41b + 43c - 521 = 0$$

Man kann als einfachen Ansatz alle Möglichkeiten für a, b und c durchprobieren:

```
FOR A=0 TO 25
  FOR B=0 TO 13
    FOR C=0 TO 13
      LET D=21*A+41*B+43*C-521
      IF D=0 THEN PRINT A,B,C
    NEXT C
  NEXT B
NEXT A
END
```

Dabei sind die Endwerte der Zählschleifen immer die Anzahl der Busse, die man braucht, wenn man nur mit dieser Art von Bussen fährt.

Es wird bei diesem Programm

$$26 \cdot 14 \cdot 14 = 5096$$

mal die Berechnung von D und die Entscheidung D = 0 durchgeführt. Offensichtlich werden dabei viele unnötige Schritte ausgeführt; so müßte z.B. der letzte Fall

A = 25, B = 13, C = 13

schon früher als irreal erkannt werden.
Sobald beim Ablauf einer Schleife D > 0 wird, kann man den Suchvorgang abbrechen, da die höheren Werte von A, B bzw. C den Wert von D nur noch vergrößern.
Um diese Bedingung einarbeiten zu können, formen wir die Zählschleifen als wiederhol-Schleifen nach:

```
FOR A = 0  TO 25          A = 0
.....                     wiederhol
NEXT A                    .....
                          LET A = A+1
                          bis A ≥ 25
```

Dies ergibt insgesamt

```
 10  REM<<<DIOPHANTISCHE GLEICHUNG>>>
 20  LET A=0
 30  LET B=0
 40  LET C=0
 50  wiederhole
 60    wiederhole
 70      wiederhole
 80        LET D=21*A+41*B+43*C-521
 90        IF D=0 THEN PRINT A,B,C
100        LET C=C+1
110      bis D>0
120      LET C=0
130      LET B=B+1
140      LET D=21*A+41*B+43*C-521
150    bis D>0
160    LET B=0
170    LET A = A+1
180    LET D=21*A+41*B+43*C-521
190  bis D>0
200  END
```

Übersetzung:
Auch bei diesem Programm soll noch einmal das übersetzte Programm angegeben werden:

```
 10  REM<<<DIOPHANTISCHE GLEICHUNG>>>
 20  LET A=0
 30  LET B=0
 40  LET C=0
 50  REM-WIEDERHOL-ANF 11111111111111111111111111111111111
 60    REM-WIEDERHOL-ANF 2222222222222222222222222222222222
 70      REM-WIEDERHOL-ANF 33333333333333333333333333333333
 80        LET D=21*A+41*B+43*C-521
 90        IF D=0 THEN PRINT A,B,C
100        LET C=C+1
110      IF NOT (D>0) GOTO 70: REM-WIEDERHOL-ENDE 333333333
120      LET C=0
130      LET B=B+1
140      LET D=21*A+41*B+43*C-521
150    IF NOT (D>0) GOTO 60: REM-WIEDERHOL-ENDE 2222222222
160    LET B=0
170    LET A=A+1
180    LET D=21*A+41*B+43*C-521
190  IF NOT (D>0) GOTO 50: REM-WIEDERHOL-ENDE 111111111111
200  END
```

Übungen

1. Für welche vierstellige Zahlen abcd gilt $a^b \cdot c^d = abcd$? (Erg.: 2592).
2. Für welche dreiziffrige Zahlen abc gilt $abc = a^3 + b^3 + c^3$?
3. Auf wieviele Arten lassen sich 50 Pfg. in kleinere Münzen zerlegen? (Erg.: 341).

1.5.3 Grafische Möglichkeiten

Ziel dieses Abschnitts ist es, die Ausgabe von Informationen auf den Sichtschirm oder durch einen Plotter prinzipiell zu klären. In beiden Fällen sind vom Standard-BASIC keine Befehle dafür vorgesehen; es handelt sich vielmehr immer um maschinenspezifische Eigenschaften. Damit wir im folgenden nicht lediglich prinzipielle maschinenferne Fragen erörtern müssen, wählen wir zur Konkretisierung die hochauflösende Grafik, die mit dem applesoft-BASIC verbunden ist.

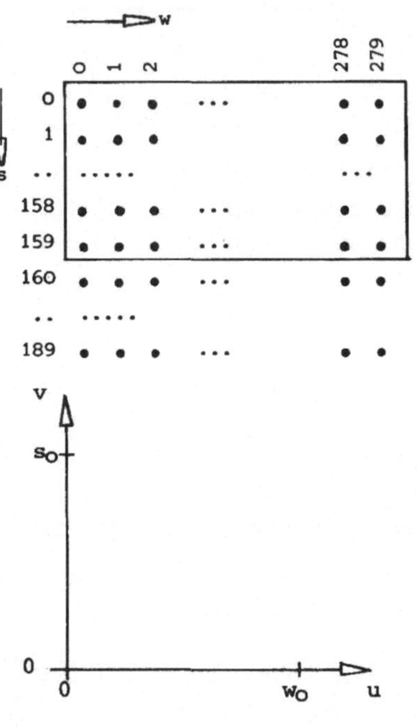

Grundlage jedes grafischen Mediums ist ein Punktraster, auf das sich alle Koordinatenangaben beziehen. Bei applesoft ist dies z.B. die hochauflösende Grafik (aufrufbar mit HGR), die unten noch 4 Schreibzeilen zuläßt und die Grafik 2 (aufrufbar mit HGR2), die den gesamten Bildschirm nutzt.

Programme sollten immer so geschrieben sein, daß die von der speziellen Grafik abhängigen Teile nicht mit dem eigentlichen Problem vermengt sind.

Mit w_o (z.B. 279) und s_o (z.B.159 bzw. 189) ergibt sich für die Umrechnung auf ein Koordinatensystem in Normallage

$s=s_o-v$

$w=u$

Auf dieses Koordinatensystem läßt sich eines mit beliebiger Lage des Ursprungs bequem zurückführen.

Beispiel 1.24 Eine Funktion f(x) soll im Bereich

$$x_1 \leq x \leq x_2 \qquad y_1 \leq y \leq y_2$$

unter Ausnutzung des gesamten Schirms grafisch dargestellt werden.

Durchführung

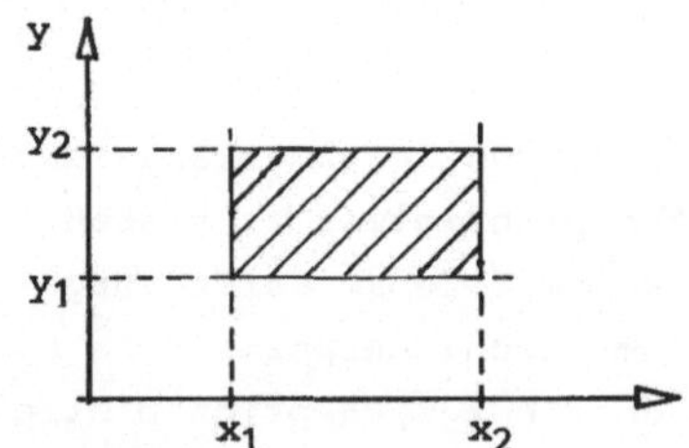

Die im Punktraster darstellbare kleinste Differenz zwischen Punkten ist

in x-Richtung $\quad x_o = \frac{x_2-x_1}{279}$

in y-Richtung $\quad y_o = \frac{y_2-y_1}{159}$

Damit wird die Umrechnung von x, y in u, v:

$$u = \frac{x-x_1}{x_o}$$

$$v = \frac{y-y_1}{y_o}$$

Falls x_o und y_o nicht zufällig übereinstimmen, haben die beiden Koordinatenachsen verschiedene Einheiten, was manchmal von Nachteil ist.

```
REM<<<GRAPH VON ....>>>
REM---Initialisieren der Grafik
LET X1=....
LET X2=....
LET Y1=....
LET Y2=....
DEF FNA(X)=....
LET X0=(X2-X1)/W0
LET Y0=(Y2-Y1)/S0
FOR X=X1 TO X2 STEP X0
  LET Y=FNA(X)
  LET U=(X-X1)/X0
  LET V=(Y-Y1)/Y0
  HPLOT U,S0-V
NEXT X
END
```

Der Befehl HPLOT W,S akzeptiert die waagrechte und senkrechte (absolute) Koordinate des Punktrasters und zeichnet an dieser Stelle einen Punkt. Wir erhalten also die Kurve als Punktfolge.

HPLOT W_1,S_1 TO W_2,S_2 zieht eine Strecke von (W_1,S_1) nach (W_2,S_2).

HPLOT TO W_2,S_2 zieht eine Strecke vom zuletzt gezeichneten Punkt zu W_2,S_2

Das Initialisieren der Grafik besteht bei applesoft im Aufrufen (HGR oder HGR2), in der Wahl der Farbe (HCOLOR=3 für weiß) und in der Festlegung von S0 und W0.

Übungen

1. Zeichnen Sie die Funktion $y = \sqrt{x}$ zwischen $x_1=0$ und $x_2=100$ mit dem angegebenen Programm.

2. Verändern Sie das Programm so, daß die Kurve als Streckenzug gezeichnet wird.
   Wählen Sie verschiedene Schrittweiten 2*X0, 5*X0, 10*X0, ... und beobachten Sie den Einfluß auf die Grafik.
3. Schreiben Sie das Programm so um, daß auf beiden Koordinatenachsen dieselbe Einheit $e = x_o = y_o$ auftritt (unter Verzicht auf das Ausnutzen des vollen Bildschirms).
   Wenden Sie das Programm auf $y = \sin x$ und $y = \cos x$ an.
4. Zeichnen Sie die Koordinatenachsen ein, falls (0,0) im dargestellten Bereich liegt.
   Benutzen Sie die Zeilen des Bildschirms, die nicht von der Grafik benutzt werden, um eine Legende anzubringen.

2. DATENSTRUKTUREN

Nachdem im ersten Teil des Buches die grundlegenden Sprachelemente anhand kleinerer Beispiele kennengelernt wurden, soll jetzt etwas systematischer vorgegangen werden. Als erstes soll genauer auf die Objekte eingegangen werden, die von Programmen verändert werden. Diese Objekte werden aus grundlegenden Datentypen aufgebaut und mit ihnen sind jeweils charakteristische Operationen verbunden. Es ist leider so, daß die grundlegenden Datentypen und die Strukturierungsmittel in BASIC nur unvollständig vorhanden sind. Die konzeptionelle Arbeit damit wird also von der Sprache her kaum unterstützt und bleibt ganz dem Programmierenden überlassen.

"Daten" sind die Objekte, die durch Programme manipuliert werden. Es ist also in bestimmter Form codierte Information, die in Rechnern gespeichert und verarbeitet wird. In den Speichern und Registern der Maschine sind alle Daten als Folge von bits realisiert, d.h. als eine Folge von 2 möglichen Zuständen des Mediums (z.B. Strom aus/ein, Magnetisierung links/rechts) dargestellt. Diese Bit-Muster werden je nach Sachzusammenhang anders interpretiert. Vom Standpunkt einer höheren Sprache aus braucht man sich damit nicht zu befassen.

Folgende Typen von Daten sind grundlegend:

ganze Zahlen	....	integer
reelle Zahlen	....	real
Zeichenketten	....	string
logische Werte	....	logical, boolean

Für jeden dieser Datentypen sollen in 2.1 bis 2.4 die charakteristischen Eigenschaften - vor allem die Abweichung von den entsprechenden mathematischen Begriffen - und die zugehörigen Funktionen und Verknüpfungen behandelt werden. Es geschieht dies nach einer Einleitung in etwas größeren Programmbeispielen, so daß das Zusammenspiel von Daten als Objekten und Algorithmen beobachtet und geübt werden kann. Ein Verständnis für die Rolle der Algorithmen beim Programmieren kann nur auf klarer Vorstellung über diese Datentypen aufbauen.

Anwendungen definieren gewisse Zusammenfassungen und Strukturierungen von Daten. Die Organisation solcher Strukturierungen auf der Maschine selbst werden dabei möglichst weitgehend der Maschine überlassen. Je mehr und je flexiblere Strukturierungsmöglichkeiten von Daten eine Sprache hat, desto besser kann man sich auf die Problemlösung konzentrieren. BASIC als eine relativ primitive höhere Sprache läßt nur die einfachsten Strukturierungsmöglichkeiten zu. Es wird also in 2.5 bis 2.9 die Aufgabe sein, einige vom Problem her adäquaten Datenstrukturen zu definieren und in einem zweiten Schritt dann ihre Realisierung in BASIC zu entwerfen. Sehr häufig werden wir dabei ausnutzen, daß Datenstrukturen beim Problemlösen am besten grafisch oder geometrisch veranschaulicht sind, um für das Entwerfen des Algorithmus vorstellbar zu sein.
Wir wollen ab 2.1 in den Programmbeispielen das "LET" bei Zuweisungen weglassen, da praktisch alle BASIC-Versionen es erlauben. Wir gehen also davon aus, daß der Leser die Rolle von "=" bei einer Zuweisung kennt und von "=" in einer Bedingung unterscheiden kann.

2.1 Ganze Zahlen

Es sind auf einem Computer nie alle ganze Zahlen

$$\ldots, -2, -1, 0, 1, 2, \ldots$$

darstellbar, da die Speicherzellen eine endliche Größe haben bzw. von endlicher Anzahl sind. Standardmäßig sind in der Regel die ganzen Zahlen zwischen einer kleinsten und einer größten darstellbaren Zahl möglich:

$$\min \leq x \leq \max$$

Da nur die ganzen Zahlen eines endlichen Bereichs auf dem Rechner darstellbar sind, sind entsprechend die Grundrechenarten nicht immer ausführbar. Das Überschreiten des endlichen Bereichs bei einer Rechnung nennt man Überlauf (overflow); er wird im allgemeinen durch eine Fehlermeldung angezeigt, der Programmablauf abgebrochen. Die Zahlen max und min werden für die üblichen Aufgaben jedoch so groß gewählt sein, daß Addition und Subtraktion in der aus der Mathematik gewohnten Weise ausgeführt werden können. Stößt man jedoch an diese Grenzen, so muß man den Bereich vergrößern. Dies ist bei manchen Rechnersystemen standardmäßig eingebaut, oder man muß die Erweiterung selbst programmieren.

Teilbarkeit ganzer Zahlen

Während Addieren, Subtrahieren und Multiplizieren von ganzen Zahlen - mit obigen Einschränkungen - wieder ganze Zahlen als Ergebnis haben, kann man nur in Ausnahmefällen bei der Division eine ganze Zahl erhalten:

z.B. 10 : 5 ergibt 2, d.h. 5 ist Teiler von 10

Geht die Ganzzahldivision nicht auf, so bleibt ein Rest:

z.B. 13 : 5 ergibt 2 mit dem Rest 3

Es sind also zwei Funktionen mit der Division ganzer Zahlen verbunden:

- Die Ganzzahldivision DIV (A,B), z.B. DIV(13,5) = 2

und

- die Restfunktion (modulo-Funktion) MOD(A,B), z.B. MOD(13,5) = 3.

In Anlehnung an die algebraische Schreibweise ist es weitgehend üblich, die Symbole "div" und "mod" zwischen die beiden Operanden zu schreiben (Infix-Notation).

Im Beispiel 13 div 5 = 2
13 mod 5 = 3

Die meisten BASIC-Systeme haben ganze Zahlen nicht als eigenständigen Datentyp auf dem Rechner realisiert. In diesen Systemen werden die ganzen Zahlen als Dezimalzahlen intern dargestellt und bei der Ausgabe erscheint wieder die Ganzzahldarstellung.

Beim apple II Integer-BASIC gibt es nur ganze und keine reellen Zahlen, da Zweck des Systems das Schreiben von Spiel- und Grafikprogrammen ist. Die Verknüpfung "div" ist durch "/" und "mod" in dieser Bezeichnung als infix-notierte Verknüpfung realisiert.

Im allgemeinen sind jedoch "div" und "mod" durch die Funktion

INT(X) das Ganze von X

auszudrücken. INT(X) ist die größte ganze Zahl, die kleiner oder gleich X ist. Die Funktion INT(X) sei noch durch Wertetafel und Schaubild erläutert. Sie ist für jede reelle Zahl definiert und hat ganzzahlige Werte.

X	INT(X)
2.75	2
2	2
1.32	1
0.75	0
-0.75	-1
-1	-1
-1.3	-2

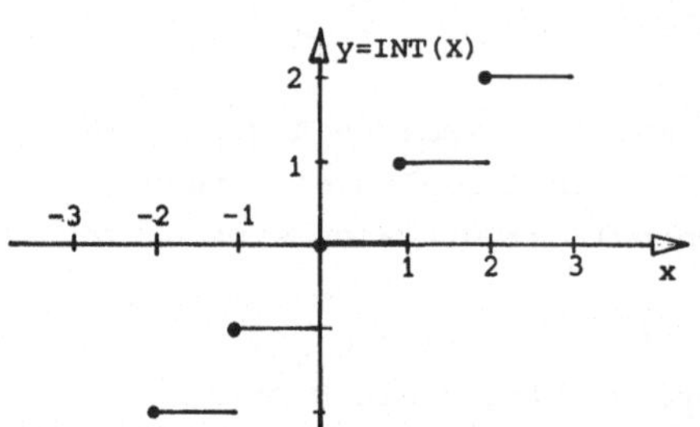

Mit dieser Funktion und der Division von Dezimalzahlen kann man

DIV(A,B) durch INT(A/B)

MOD(A,B) durch A - INT(A/B)*B

darstellen.

Als deutschsprachige Entsprechung von MOD(A,B) = O benutzen wir im folgenden meist "B teilt A".

Eine weitere Funktion ist häufig mit dem Übergang von reellen zu ganzen Zahlen verbunden, die gern mit der Funktion INT(X) verwechselt wird. trunc(x) ist die ganze Zahl, die durch Abschneiden (truncation) der Dezimalstellen entsteht.

x	trunc(x)
2.75	2
2	2
1.32	1
0.75	0
-0.75	0
-1	-1
-1.3	-1

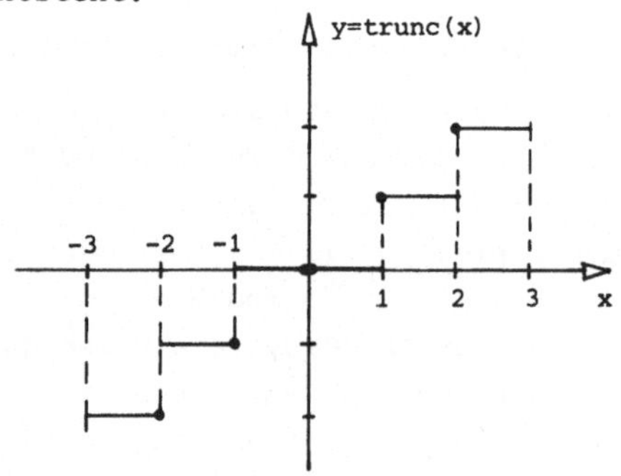

Übung

1. Drücken Sie INT(X) durch trunc(x) aus.
2. Drücken Sie eine Funktion round(x), die eine reelle Zahl x auf die nächste ganze Zahl rundet, jeweils durch INT(X) und trunc(x) aus.

Läßt eine BASIC-Version die Definition von Funktionen mit 2 Variablen zu, so kann man sich durch

```
DEF FND(A,B) = INT(A/B)
DEF FNR(A,B) = A - INT(A/B) * B
```

die DIV-Funktion und die Restfunktion definieren.
In den folgenden Beispielen zur Zahlentheorie werden wir immer unabhängig von einer konkreten BASIC-Version "div", "mod" und die Relation "teilt" verwenden.

<u>Beispiel 2.1</u> Der Computer soll zu einer vorgegebenen Zahl alle Teiler ermitteln.

Durchführung

1. Schritt: Problemanalyse

Es gibt für eine Zahl Z die
- trivialen Teiler 1 und Z
- ab 2 muß man die Zahlen auf Teilbarkeit durchprobieren
- Zahlen größer als Z kommen sicher nicht als Teiler in Frage.

```
10  REM<<<TEILER EINER ZAHL>>>
20  INPUT Z
30  T=1
40  solange T≤Z führe
50    IF T teilt Z THEN PRINT T
60    T=T+1
70  aus
80  END
```

Übersetzen Sie das Programm und lassen Sie es laufen.

2. Schritt:

Das Programm löst die Aufgabe. Bei großen Zahlen ist es jedoch zeitaufwendig. Für Z = 1000 müssen 1000 Zahlen auf Teilbarkeit geprüft werden. Wenn man jedoch noch etwas mehr theoretische Überlegungen für das Programm benutzt, kann man die Laufzeit beträchtlich senken. Eine erste Überlegung wäre, daß nach $\frac{Z}{2}$ sicher keine Teiler (außer Z) mehr auftreten können. Folgende Veränderung des Programms bringt also bereits eine Ersparnis:

```
40  solange T≤Z/2 führe
75  PRINT Z
```

3. Schritt:

Man braucht aber auch nicht bis $\frac{Z}{2}$ zu gehen, denn wenn 2 als Teiler gefunden ist, braucht $\frac{Z}{2}$ als Teiler nicht mehr geprüft zu werden; ebenso: wenn 3 Teiler ist, so auch $\frac{Z}{3}$, allgemein: wenn T Teiler ist, so auch $\frac{Z}{T}$.

Die Bereiche der Teiler T und der komplementären Teiler $\frac{Z}{T}$ werden getrennt durch eine Zahl T mit T*T = Z.

Diese Zahl existiert als ganze Zahl, wenn Z Quadratzahl ist.

Beispiel: 36

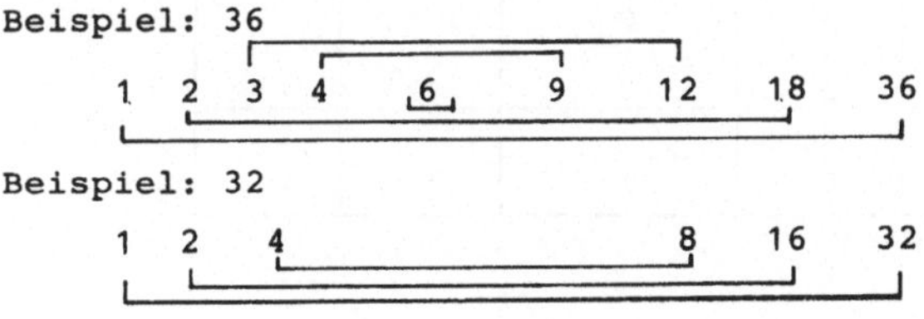

Programmänderung

```
40 | solange T*T≤Z führe
50 |    IF T teilt Z THEN PRINT T, Z/T

65 [RET]   (Löschen!)
```

Wenn Sie die 3 Versionen des Programms laufen lassen, können Sie z.B. bei einer großen Zahl wie 1000 stoppen, wieviel Zeit der Computer zur Ermittlung der Teiler benötigt. Das Beispiel zeigt, daß gute und effiziente Programme eine gründliche sachliche Analyse erfordern.

Beispiel 2.2 Zu einer Zahl Z soll die Primfaktorzerlegung ausgegeben werden.

Problemanalyse

Die Primfaktorzerlegung von 360 ist z.B.:

$$360 = 2 \cdot 2 \cdot 2 \cdot 3 \cdot 3 \cdot 5 = 2^3 \cdot 3^2 \cdot 5$$

Um sie zu gewinnen, kann man nacheinander die Primzahlen als mögliche Teiler erproben:

- Zuerst 2, dann 3, 5, 7, ...
- man wird dies solange tun, wie ein Teiler in der Zahl enthalten ist.

Ein für das Programmieren typisches Vorgehen ist jedoch das folgende:

- Man baut die Zahl Z schrittweise ab, indem man mit den gefundenen Primfaktoren dividiert.
- Gleichzeitig zählt man, wie oft ein Primfaktor enthalten ist und gibt eine Tabelle aus.

Schrittweiser Abbau von Z	Primfaktor	Häufigkeit	Protokoll Faktor	Protokoll Potenz
360	2	0		
180	2	1		
90	2	2		
45	2	3	2	3
45	3	0		
15	3	1		
5	3	2	3	2
5	5	0		
1	5	1	5	1

Man kann aufhören, wenn Z zu 1 abgebaut ist:

```
REM<<<PRIMFAKTOREN>>>
INPUT Z
T=2
solange Z>1 führe
  Bestimmung der Potenz
  PRINT T,P
  T=nächste Primzahl
aus
END
```

Offen ist noch, wie die Potenz und die nächste Primzahl bestimmt werden. Zur Bestimmung der Potenz muß gezählt werden, wie oft der Faktor T in Z enthalten ist: solange T die Zahl Z teilt, wird schrittweise die Potenz hochgezählt.

Bestimmung der Potenz

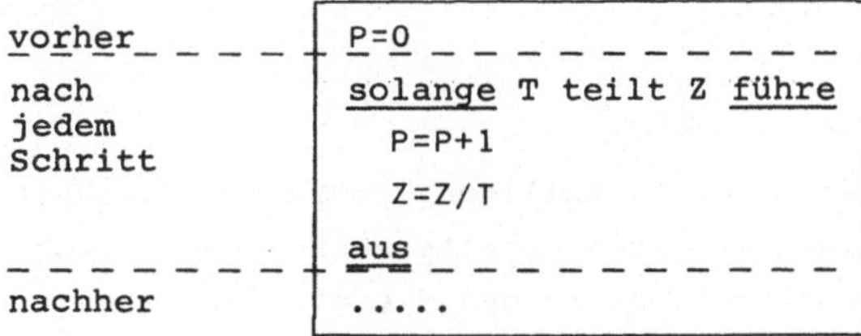

An diesem sehr einfachen Beispiel läßt sich ein Prüfverfahren erläutern, mit dem man den richtigen Bau der Schleife prüfen kann: vor der Schleife, nach der Schleife und nach jedem Schritt muß die Ausgangszahl wertmäßig unverändert sein; sie wird nur anders dargestellt.
M.a.W.: Es gibt eine Größe, eine Invariante, die bei diesem Prozeß der Informationsverarbeitung unverändert bleibt. Es findet keine Informationsvernichtung oder -neuschöpfung statt.
Invariante ist in obigem Beispiel $I = Z * T^P$.

Zahlenbeispiel

Z	T	P	$I = Z \cdot T^P$
360	2	0	$360 \cdot 2^0 = 360$
180	2	1	$180 \cdot 2^1 = 360$
90	2	2	$90 \cdot 2^2 = 360$
45	2	3	$45 \cdot 2^3 = 360$

Nächste Primzahl

Das Bestimmen von Primzahlen ist ein Problem für sich, das wir erst in 2.4 angehen wollen. Hier brauchen wir es nicht explizit zu

lösen. Es genügt auch, statt der nächsten Primzahl die nächste Zahl auszuprobieren:
Wurde Z bereits um alle Primfaktoren < T reduziert, dann kann T nicht mehr Teiler sein. Z.B. ist die Zahl 4 sicher nicht mehr Teiler des reduzierten Z, wenn alle Primfaktoren 2 aus 360 gestrichen sind. Damit können wir alle Teile zum Gesamtprogramm zusammenfügen.

```
10   REM<<<PRIMFAKTOREN>>>
20   INPUT Z
30   T=2
40   solange Z>1 führe
50     P=0
60     solange T teilt Z führe
70       P=P+1
80       Z=Z/T
90     aus
100    IF P≠0 THEN PRINT T,P
110    T=T+1
120  aus
130  END
```

Trainieren Sie - auch in diesem nur 13-zeiligen Programm - die Übersicht zu behalten. Zwei ineinander geschachtelte solange-Schleifen werden durch Einrücken verdeutlicht. Verfolgen Sie die Variablen:

- Z wird in 20 eingegeben und in 80 schrittweise abgebaut, es ist nach Zeile 120 auf dem Wert 1.
- T wird zu Beginn in Zeile 30 auf 2 gesetzt und in Zeile 110 um 1 erhöht.
- P wird bei jedem Durchgang der äußeren solange-Schleife in 50 auf 0 gesetzt, in 70 hochgezählt und in 100 ausgegeben.

Kommt das Programm überhaupt zu einem Ende, brechen die Schleifen ab? Die innere Schleife bricht nicht für jeden beliebigen T-Wert ab. Lassen Sie das Programm mit der Zeile

```
30 T = 1
```

laufen, die z.B. durch einen Schreibfehler entstanden sein könnte. Die äußere Schleife bricht sicher spätestens dann ab, wenn T den Wert Z erreicht hat, dann wird Z zu 1 reduziert, falls die innere Schleife fehlerfrei läuft.

2.2 Reelle Zahlen

Die reellen Zahlen der Mathematik erstrecken sich nicht nur wie die ganzen Zahlen von $-\infty$ bis $+\infty$, sie bilden zudem ein Kontinuum. Es gibt daher bei der Darstellung reeller Zahlen auf dem Rechner nicht nur eine kleinste und eine größte darstellbare Zahl

$$\min \le x \le \max,$$

sondern dazwischen sind auch nur endlich viele Zahlen auf dem Rechner darstellbar, die jeweils ein ganzes Intervall von reellen Zahlen repräsentieren müssen.

Nehmen wir an, auf einem Computer sind in einem Bereich höchstens folgende Zahlen darstellbar: ..., 1.00000, 1.00001, 1.00002, ...

Dann werden folgende Intervalle repräsentiert:

$1.000005 \le x < 1.000015$ durch 1.00001

$1.000015 \le x < 1.000025$ durch 1.00002 usw.

Das numerische Rechnen, d.h. das Rechnen mit reellen Zahlen auf dem Computer, muß also die Probleme, die vom endlichen Bereich der dargestellten Zahlen und den "Löchern" darin herrühren, immer zugleich mit den Rechenverfahren behandeln.

Um einen größeren Bereich von Zahlen darstellen zu können, ist heute weitgehend auf Rechnern die Gleitpunktdarstellung (floating point) von reellen Zahlen üblich:

$$x = m \cdot 10^e$$

In dieser Darstellung wird die Größenordnung einer Zahl durch e angegeben, während m die geltenden Ziffern der Zahl wiedergibt.

Man erhält die Normalform der Darstellung, wenn man für m

$$0.1 \le m < 1$$

fordert.

Zur Ein- und Ausgabe von Zahlen in Gleitpunktdarstellung hat sich das Symbol "E" eingebürgert, das für "*10^..." steht. So kann etwa die Zahl $12.3 = 0.123 * 10^2$ auf verschiedene Weise in den Rechner eingegeben werden: 12.3 oder 1.23E1 oder 0.123E2 oder 0.0123E3 oder 123E-1 usw.

Wie die Zahl intern im Computer dargestellt ist, braucht uns primär nicht zu interessieren. In der Regel handelt es sich um eine Gleitpunktdarstellung zur Basis einer Zweierpotenz, häufig zur Basis 16.

Versuchen Sie auf Ihrem Rechner folgende Aufgaben zu bearbeiten:

1. Spielen Sie im Modus der Direktausführung Beispiele zur E-Darstellung durch

```
PRINT  0.0123E3
PRINT  123E-1
usw.
```

2. Wieviel Ziffern verarbeitet der Rechner? Z.B.:

```
PRINT 0.1234567890123 ...
```

3. Versuchen Sie die größte Zahl herauszufinden!

```
S=1
FOR N=1 TO 100
  S=S*10
  PRINT S
NEXT N
```

4. Versuchen Sie analog zu 3. die kleinste positive Zahl $\neq 0$ herauszufinden. (Unterschreiten der Kapazität, engl. underflow).

Im folgenden sollen nun einige wenige Probleme bei numerischen Rechnungen an einem Beispiel erläutert werden. Ziel ist dabei, den Leser für Fehlerbetrachtungen zu sensibilisieren und vor unreflektiertem Glauben an numerische, mit Computern ermittelte Zahlen, zu warnen.

Beispiel 2.3 Berechnung von π nach dem Verfahren von Archimedes unter Benutzung des Umfangs regelmäßiger Vielecke.

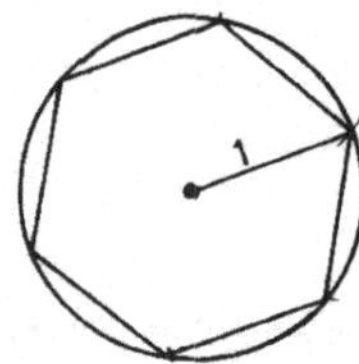

Idee des Verfahrens

π ist der halbe Umfang des Einheitskreises. Dieser Kreis wird durch einbeschriebene Vielecke angenähert. Es ist geometrisch anschaulich, daß π desto besser durch den halben Umfang des Vielecks genähert wird, je höher die Eckenzahl ist. Beginnt man mit dem 6-Eck (halber Umfang: U=3) und verdoppelt Schritt für Schritt die Eckenzahl, so erhält man eine Folge von Vielecken, deren Seiten einfach auseinander zu berechnen sind.

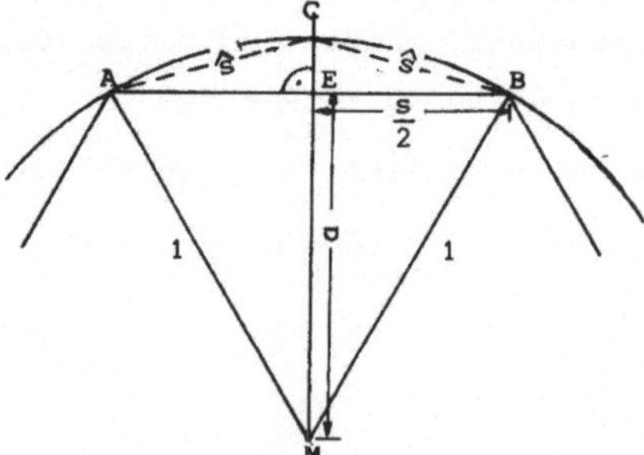

Berechnung der Seite $\hat{s}$ des 2n-Ecks aus der Seite s des n-Ecks.

Nach dem Satz des Pythagoras gilt in ΔMEB

$$1^2 = \left(\frac{s}{2}\right)^2 + a^2$$

und in ΔAEC

$$\hat{s}^2 = \left(\frac{s}{2}\right)^2 + (1-a)^2$$

Durch Elimination von a folgt

$$\hat{s} = \sqrt{2 - \sqrt{4 - s^2}}$$

Schritt 1

Es soll ein Programm geschrieben werden, mit dem man die Entwicklung der Werte beobachten kann. In jedem Schritt soll

die Eckenzahl N
die Seitenlänge S
der halbe Umfang U

ausgegeben werden.

Programmentwurf

Die Anzahl A der durchzuführenden Schritte wird von außen vorgegeben.

Anfang mit dem 6-Eck:

```
10  INPUT A
20  N=6
30  S=1
40  PRINT N,S,S*N/2
```

Zählschleife mit dem Schritt vom n- zum 2n-Eck:

```
 50  FOR I=1 TO A
 60    N=2*N
 70    S=SQR(2-SQR(4-S*S))
 80    PRINT N,S,S*N/2
 90  NEXT I
100  END
```

Fügen Sie das Programm zusammen und lassen Sie es mit verschiedenen Werten von A laufen.

Es ist nicht genau vorhersagbar, was auf einem konkreten Rechner geschieht. Zuerst ergibt sich eine Konvergenz auf

3.1415927 ... zu, danach spielen alle Rechner irgendwie verrückt: Beim einen werden die Näherungswerte für π kleiner, bei einem anderen größer.

Schritt 2

Eine erste Vermutung für das Verhalten des Rechners könnte sein, daß das zweimalige Wurzelziehen fehlerträchtig ist. Man kann in der Iteration einmal das Wurzelziehen vermeiden, so daß sich nur die Fehler von einem Wurzelziehprozeß pro Schritt in der Iteration fortschleppen:

Es sei $s_1 = s^2$, dann folgt

$$s_1 = 2 - \sqrt{4-s_1}$$

Das Programm kann mit

```
45  S1=S*S
70  S1=2-SQR(4-S1)
75  S =SQR(S1)
```

angepaßt werden.

Lassen Sie das Programm mit den Änderungen laufen. Sie werden feststellen, daß sich keine oder keine wesentliche Änderung im Verhalten der Iteration einstellt.

Schritt 3 Subtraktionskatastrophe

Der Grund für das Verhalten liegt also nicht in den Fehlern des Wurzelverfahrens, sondern steckt im Verfahren selbst.

Ändern Sie das Programm so ab, daß Sie die Werte von $\sqrt{4-s^2}$, $2-\sqrt{4-s^2}$ vor der Berechnung in Zeile 70 beobachten können.

```
65  PRINT SQR(4-S1), 2-SQR(4-S1)
80  [RET]  (Löschen!)
```

Man kann feststellen, daß die erste Spalte sich immer mehr der Zahl 2 nähert. Bei Subtraktion von 2 subtrahieren sich also sehr viele Stellen weg, z.B. :

2 - 1.999996 = 0.000004

In Normaldarstellung (wir nehmen z.B. eine Darstellung im Zehnersystem mit 7 geltenden Ziffern an) ergibt sich für die Rechnung

0.	2 0 0 0 0 0 0	$\cdot 10^1$
- 0.	1 9 9 9 9 9 6	$\cdot 10^1$
0.	0 0 0 0 0 0 4	$\cdot 10^1$

und nach Normalisierung

0.	4 ? ? ? ? ? ?	$\cdot 10^{-5}$

Bereits über die zweite geltende Ziffer herrscht Ungewißheit; vom Rechner wird die Zahl jedoch wie jede andere weiter zur Rechnung herangezogen. Die Fragezeichen werden vom Rechner irgendwie z.B. mit "0" aufgefüllt.

Die zweite Spalte in der Ausgabe des Programms zeigt diese sinnlosen Ziffern. Da dieser Vorgang beim Verfahren wiederholt auftritt, stellen sich total falsche Werte ein. Man muß daher die Subtraktion nahe beieinander liegender Zahlen bei numerischen Verfahren vermeiden.

Im vorliegenden Fall kann man dies dadurch erreichen, daß die eigentliche Rekursionsformel durch Erweitern zu

$$\hat{s} = \frac{s}{\sqrt{2+\sqrt{4-s^2}}}$$

wird.

Bauen Sie diese Formel in das vorliegende Programm zur Iteration ein.

Im allgemeinen wird sich die Iteration auf einen festen Wert stabilisieren, dabei ist es je nach Rechnersystem möglich, daß die letzten Ziffern variieren. Man kann sich auf sie nicht verlassen.

Schritt 4

Im letzten Schritt wurde π "ins Blaue" berechnet, d.h. man hat die Iteration so lange laufen lassen, bis sich ein Wert stabilisiert hat. Dieses Verfahren ist natürlich für ernsthafte numerische Rechnungen nicht zulässig. Es muß bei Iterationen in jedem Schritt angebbar sein, welche Abweichung vom wahren Wert erreicht ist und garantiert wird. Zusätzlich sollte zur Sicherheit nie die geforderte Genauigkeit zu nahe bei der möglichen der Zahldarstellung des Rechners gewählt werden.

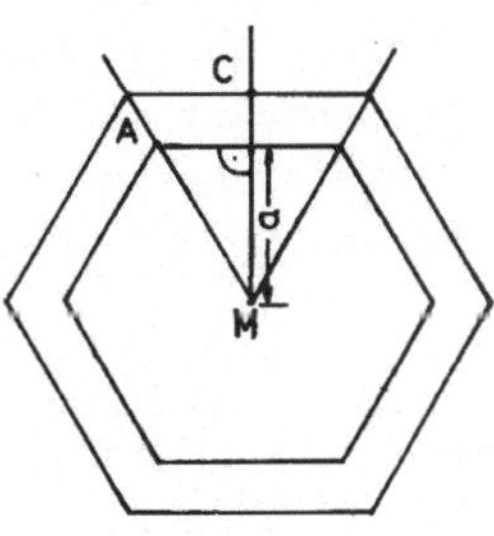

Die Abweichung vom Umfang des Kreises läßt sich abschätzen, wenn man neben dem einbeschriebenen n-Eck auch das umbeschriebene betrachtet.

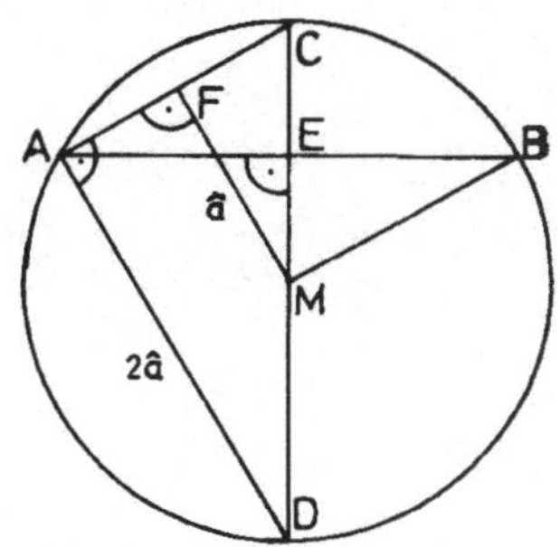

Als Hilfsgröße benutzen wir den Abstand $a = \overline{ME}$ (bzw. $\hat{a} = \overline{MF}$) einer Vieleckseite vom Mittelpunkt M. Nach dem Strahlensatz (Zentrum C) ist $\overline{AD} = 2\hat{a}$ und nach dem Kathetensatz für das Dreieck Δ ADC

$$(2\,\hat{a})^2 = (1+a)\cdot 2$$

also

$$\hat{a} = \sqrt{(1+a)/2}\,.$$

Berechnet man die Fläche von ΔAMC auf zwei verschiedene Weisen, so folgt mit $\hat{s} = \overline{AC}$ und $\frac{s}{2} = \overline{AE}$

$$\frac{1}{2}\,\hat{a}\cdot\hat{s} = \frac{1}{2}\cdot 1\cdot\frac{s}{2}$$

und

$$\hat{s} = \frac{s}{2\hat{a}}$$

Damit ergibt sich der halbe Umfang zu

$$\hat{U} = \frac{1}{2} \cdot 2n \cdot \hat{s} = \frac{n \cdot s}{2\hat{a}} = \frac{U}{\hat{a}}$$

und durch zentrische Streckung aus M im Verhältnis 1:â erhält man den halben Umfang des umschriebenen Vielecks zu

$$\hat{V} = \frac{\hat{U}}{\hat{a}}$$

Für den Übergang vom n-Eck zum 2n-Eck ergeben sich also folgende Rekursionsformeln:

$$\hat{a} = \sqrt{(1+a)/2}$$
$$\hat{U} = U/\hat{a}$$
$$\hat{V} = \hat{U}/\hat{a}$$

Das Verfahren zur Berechnung von π wird durch diese Formeln ungewöhnlich transparent gemacht. Die Elimination von â bzw. a ist zwar möglich, jedoch nicht wünschenswert, da a bzw. â als Abstand einer Vieleckseite vom Mittelpunkt den Konvergenzprozeß veranschaulicht. $\hat{U}$ und $\hat{V}$ werden als Quotienten ermittelt. Wie bereits im 2. Schritt erkannt wurde, enthält das Verfahren seinem Wesen nach nur einen einmaligen Wurzelziehprozeß. V - U ist ein Maß für die Güte der erreichten Näherung.

Programm

```
REM<<<PI NACH ARCHIMEDES>>>
REM   A  ABSTAND: SEITE - MITTELPUNKT
REM   U  EINBESCHRIEBENER HALBER UMFANG
REM   V  UMBESCHRIEBENER HALBER UMFANG
REM   ANFANG MIT SECHSECK
A=SQR(3)/2
U=3
V=SQR(3)*2
REM---EINGABE DER GENAUIGKEIT G
INPUT G
solange (V - U > G) führe
  A=SQR((1+A)/2)
  U=U/A
  V=U/A
  PRINT A,U,V
aus
PRINT "PI = ";(U+V)/2;"+-";G/2
END
```

Die wesentlichen Ergebnisse des ausführlich dargestellten Beispiels einer numerischen Rechnung seien noch zusammengestellt:

1. Die algebraische Rechnung mit Zahlen, die auf dem Rechner nur eine endliche Darstellung haben, muß durch theoretische Begleitung abgesichert werden. Die Subtraktionskatastrophe ist nur eines, wenn auch ein drastisches Beispiel dafür. Weniger auffällig ist z.B. das Vordringen von Ungenauigkeiten auf Ziffern, die zur Computerdarstellung gehören, bei einer großen Anzahl von numerischen Rechenschritten.
2. Unabhängig von dieser Problematik darf eine numerische Rechnung nicht ins Blaue gehen; die Konvergenz muß unabhängig vom Rechner gesichert sein; eine Genauigkeitsangabe muß im Programm für ausgegebene Werte vorhanden sein.

Die beiden angesprochenen Probleme sind unabhängig zu beurteilen, d.h. das Vordringen von Ungenauigkeiten auf vordere Ziffern kann nicht durch Genauigkeitsprüfungen verhindert werden. Für diese und weitere Probleme bei numerischen Rechnungen sei auf die Literatur verwiesen (z.B. Dorn-McCracken 1972).
Das Stabilisieren einer Zahlenangabe in einem Iterationsprozeß kann, aber muß nicht ein Anzeichen für die Konvergenz des Verfahrens sein, wie das folgende Beispiel zeigen wird. Entsprechend gibt eine Computerrechnung, die divergierende Zahlenangaben liefert, keine Aussage über Konvergenz und Divergenz eines Verfahrens, wie uns die Subtraktionskatastrophe lehrt. Beide Effekte hängen von der im allgemeinen endlichen Darstellung reeller Zahlen auf dem Rechner ab. Beide Effekte sind jedoch prinzipieller Natur, d.h. sie treten bei jedem denkbaren (noch so guten oder noch so großen) Rechner auf, da man auf ihm z.B. π oder $\sqrt{2}$ prinzipiell nur endlich darstellen kann.

Beispiel 2.4 Zeigen Sie, daß die harmonische Reihe

$$1 + \frac{1}{2} + \frac{1}{3} + \frac{1}{4} + \ldots.$$

auf Ihrem Rechner zu einem stabilen Wert führt, obwohl sie divergent ist.

Anleitung

Damit sich der Effekt der Stabilisierung schneller einstellt, sollte man statt 1 eine Zahl wählen, deren Darstellung schon einen Großteil der signifikanten Ziffern erfordert, z.B. 99999.

2.3 Zeichen und Zeichenketten

Die Rechner, die in der Anfangszeit zum Ausführen umfangreicher numerischer Rechnungen entwickelt und benutzt wurden, haben erst dadurch ihre umfassende Bedeutung und vor allem ihren ungeheuren, fast beängstigenden Einfluß auf das private und gesellschaftliche Leben gewonnen, daß mit ihnen allgemeinere Informationen als zahlenmäßige verarbeitet werden können.
Grundlegend hierfür ist der Begriff des Zeichens und der Zeichenkette. Zeichen sind im allgemeinen

- die Buchstaben A B C .... Z
- die Ziffern Ø 1 2 .... 9 und
- die Sonderzeichen . , ; + - * / usw.

Der in einem Computer verwendete Zeichensatz kann von Fabrikat zu Fabrikat verschieden sein. Es hat sich jedoch weitgehend der ASCII-Zeichensatz durchgesetzt.
Eine Zeichenkette ist eine beliebige Folge von Zeichen aus dem Zeichenvorrat, z.B. die Zeichenkette

ELF - HUNDERT DM SCHULDEN oder - 1100.

Die erste Zeichenkette besteht aus Buchstaben, Bindestrich und Leerzeichen; die zweite aus Ziffern und Bindestrich. Die erste Zeichenkette gibt für uns einen gewissen Sinn, der zweiten Zeichenkette können wir und ein Computer (z.B. in LET S = - 1100) die Deutung als ganze Zahl geben.
Die erste Zeichenkette ist jedoch durch einen Computer etwa in BASIC nicht mit Sinn belegt. Trotzdem kann man Zeichenketten manipulieren, d.h. in andere Zeichenketten umformen, analysieren etc. Immer, wenn eine Zeichenkette nur zur Manipulation und nicht zur Interpretation in Programmen verwendet wird, wird sie in Anführungszeichen eingeschlossen:

"ELF - HUNDERT DM SCHULDEN" oder "-1100"

Man kann Zeichenketten unter einem Namen abspeichern; solche Variablennamen erhalten im Unterschied zu Zahlvariablen ein $-Zeichen angehängt.

```
LET Z$ =" NORD - SUED "
LET A$ =" - 1100 "
LET B  =  - 1100
```

Fehlermeldungen stellen sich etwa ein bei

```
LET C   =" - 1100 "
LET D$  =  - 1100
```

Machen Sie sich den Unterschied zwischen einer Zeichenkette (ohne Bedeutung) und einer vom Rechner interpretationsfähigen Zeichenfolge auch noch an folgendem Beispiel klar:

```
LET X=2                   PRINT SQR(X)
PRINT X                   PRINT " SQR(X) "
PRINT " X "               PRINT " SQR("X")"
PRINT " X " X             PRINT " SQR("X") = ";SQR(X)
```

Spielen Sie die Beispiele durch.
Die Verarbeitung von Zeichenketten wollen wir anhand eines größeren Beispiels aufzeigen und motivieren. Falls die angeführten Operationen mit Zeichenketten nicht mit denen übereinstimmen, die auf Ihrem Rechner vorhanden sind, sollten Sie das Beispiel zunächst übergehen.

Beispiel 2.5 Galgenspiel
Ein Spielpartner (der Computer) denkt sich ein langes Wort.
Der andere Spielpartner rät Buchstaben:

- Kommt ein Buchstabe im Wort vor, wird er überall im Wort angezeigt,
- kommt ein Buchstabe nicht vor, wird ein (weiterer) Strich des Galgens gezeichnet.

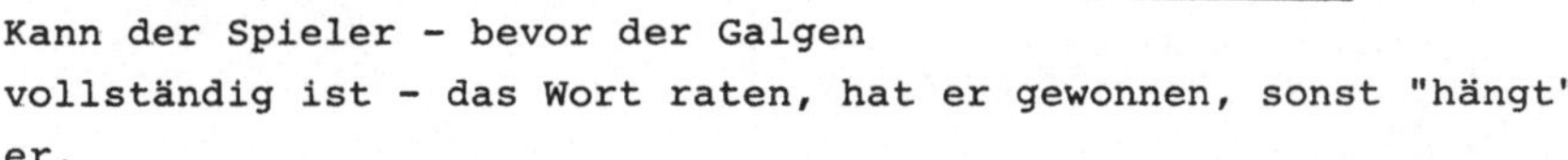

Kann der Spieler - bevor der Galgen vollständig ist - das Wort raten, hat er gewonnen, sonst "hängt" er.

Durchführung

Zu Beginn gibt es
- das gedachte Wort, z.B.
  W$ = "TRANSPLANTATION"
- und die Anzeige, die für jeden Buchstaben einen Punkt ausgibt:

```
A$ = "..............."
PRINT A$
```

- außerdem den Boden für den Galgen.

Der Spieler macht eine Eingabe: INPUT E$
Nun muß der Computer die Eingabe verarbeiten. Wir können dies nicht

sofort vollständig formulieren, sondern wollen einige der Arbeiten zwar sprachlich formulieren, ihre Ausarbeitung jedoch zurückstellen.

```
REM<<<GALGENSPIEL>>>
W$="TRANSPLANTATION"
A$="..............."
PRINT A$
Boden
INPUT E$
.....
.....
END
```

Gemäß der Eingabe E$ muß entschieden werden, wie lange das Spiel läuft:

```
solange E$ ≠ W$ und Galgen unvollständig führe
  Verarbeitung
  Galgen zeigen
   PRINT A$
   INPUT E$
aus
```

Es werden also die beiden Zeichenketten verglichen und auf "=" und "≠" geprüft. "=" bedeutet dabei zeichenweise identische Zeichenketten. Das Formulieren von "Galgen unvollständig" und "Verarbeitung" stellen wir zurück. Je nachdem, welches der Grund zum Abbrechen des Spiels war, wird das Urteil verkündet:

```
REM---URTEIL
wenn E$ = W$ führe
  PRINT "RICHTIG GERATEN"
aus
sonst führe
  PRINT "DU HAENGST !"
aus
END
```

Programmieren der "Verarbeitung"
Liegt eine Eingabe E$ vor, so nehmen wir an, daß es sich genau dann um den Rateversuch für einen Buchstaben handelt, wenn E$ ein einziges Zeichen enthält, sonst um einen Rateversuch für das ganze Wort. Zur Entscheidung ist es notwendig, die Anzahl der Zeichen in E$ zu ermitteln. Dafür ist in BASIC eine Funktion

LEN(...) (engl. length für Länge)

vorgesehen.

```
REM---VERARBEITUNG
wenn LEN(E$)≠1 dann führe
   PRINT "FALSCH GERATEN !"
   Galgen bauen
aus
sonst führe
   Suchen des Buchstabens
aus
```

Suchen des Buchstabens

Zum Suchen des Buchstabens wird eine Funktion benötigt, die es erlaubt, einzelne Teile der Zeichenkette anzusprechen:

X$ = MID$(W$, P, A)

Aus der Mitte (engl. middle) der Zeichenkette W$ werden beginnend mit dem P.ten Zeichen A Zeichen nach X$ kopiert (W$ bleibt ungeändert). Für W$="TRANSPLANTATION" "zitiert" MID$(W$,6,5) die Zeichenkette "PLANT".

Gelegentlich ist auch nur der Teil einer Zeichenkette zu zitieren oder zu kopieren, der

- A Zeichen von links   LEFT$(W$,A)
- A Zeichen von rechts   RIGHT$(W$,A)

enthält.

Spielen Sie die Funktionen im Modus der Direktausführung durch

```
PRINT LEFT$("EISENBAHN",5)
PRINT RIGHT$("EISENBAHN",4)
PRINT MID$("EISENBAHN",3,4)
```

Zurück zur Aufgabe des Suchens eines Buchstabens E$ im Wort W$. Es muß offenbar W$ von Position 1 bis Position LEN(W$) Buchstabe um Buchstabe mit E$ verglichen werden:

```
FOR P=1 TO LEN(W$)
   wenn MID$(W$,P,1)=E$ dann führe
      .....
      .....
   aus
NEXT P
```

Tritt ein Buchstabe auf, so muß er in der Ausgabe A$ angezeigt werden. Dazu wird von der Zeichenkette A$ alles

links von Position P   LEFT$(A$,P-1) und

rechts von Position P   RIGHT$(A$,LEN(A$)-P)

genommen und zusammen mit dem Buchstaben E$ neu verkettet:

A$ = LEFT$(A$,P-1)+E$+RIGHT$(A$,LEN(A$)-P)

Für die Verkettung (Konkatenation, engl. concatenation) wird häufig das Zeichen "+", gelegentlich auch "&" oder eine Funktion concat(..,..,..) benutzt.

Als Beispiel für die Verkettung sei vorher

A$ = "T . A .... A . T A T . . .", und es werde "L" auf Position 7 erkannt. Dann ist

LEFT(A$,6)	E$	RIGHT$(A$,15-7)
"T . A . . ."	"L"	"A . T A T . . ."

Das Verketten ergibt dann

A$ = "T . A . . . L A . T A T . . ."

Wenn beim Durchlaufen der Zählschleife nie ein Buchstabe erkannt wurde, wird der Galgen weitergebaut.

Für das Ereignis "Buchstabe erkannt" führen wir eine Merkvariable M$ ein, die die Werte "ja" und "nein" annehmen kann. Zusammenfassend ergibt sich:

```
REM---SUCHEN EINES BUCHSTABENS
M$="NEIN"
FOR P=1 TO LEN(W$)
  wenn MID$(W$,P,1)=E$ dann führe
    A$=LEFT$(A$,P-1)+E$+RIGHT$(A$,LEN(A$)-P)
    M$="JA"
  aus
NEXT P
wenn M$="NEIN" dann führe
  Galgen bauen
aus
```

Damit kann das Programm zusammengefügt werden. Vor einer Ausführung auf dem Rechner sollten Sie prüfen, ob sich LEFT$ und RIGHT$ wie vorausgesetzt verhalten (vgl. untenstehende Ausführungen).

Bemerkungen

1. Die Behandlung des "Galgens" sollte in einer ersten Version des Programms durch ein reines Zählen dargestellt werden:

Boden	G = 0
Galgen bauen	G = G + 1
Galgen unvollständig	G < 10
Galgen zeigen	PRINT G

   Das Zeichnen des Galgens auf einem Sichtschirm wirft Sonderprobleme auf und wird hier ausgeklammert.
2. Das Spiel wird erst praktikabel, wenn dem Rechner ein großer

Vorrat an Wörtern gegeben wird, aus dem er z.B. per Zufall auswählen kann. Nehmen wir an, man hat ihm 30 Wörter in einer DATA-Zeile vorgegeben:

```
DATA "TRANSPLANTATION","SCHLACHTHOF", ... ,"GUSSEISEN"
```

Die Zufallsfunktion RND(1) liefert zufällig eine Zahl zwischen 0 .... 1, also liefert 30 * RND(1) eine Zahl zwischen 0 ... 30 oder 30 * RND(1)+1 zwischen 1 und 31. Damit ist

INT(30 * RND(1)+1) eine ganze Zahl von 1 bis 30.

Durch folgende Schleife wird mithin ein W$ zufällig ausgewählt:

```
FOR I=1 TO INT(30 * RND(1)+1)
  READ W$
NEXT I
```

Die Ausgabezeichenkette A$ ist dann

```
A$ = ""
FOR I = 1 TO LEN(W$)
  A$ = A$ + "."
NEXT I
```

Fügen Sie das Programm zusammen und testen Sie es aus.

Zeichenkettenoperationen

Die zur Verarbeitung von Zeichenketten notwendigen Funktionen und Operationen sind nicht standardisiert; sie sind daher auch in BASIC von Rechner zu Rechner unterschiedlich realisiert. Es ist auch häufig so, daß einem Problem ein gewisser Satz von Operationen besonders angepaßt ist, so daß eine Standardisierung hinderlich wäre. Wir haben im Beispiel 2.5 folgenden Satz von Funktionen benutzt:

P	Position eines Zeichens in der Kette
A	Anzahl der Zeichen
LEN(X$)	Anzahl der Zeichen von X$
MID$(X$,P,A)	Teilzeichenkette von X$ ab Position P (einschließlich) A Zeichen
LEFT$(X$,A)	Teilzeichenkette von X$ bestehend aus A Zeichen von links, d.h. MID$(X$,1,A)
RIGHT$(X$,A)	Teilzeichenkette von X$ bestehend aus A Zeichen von rechts, d.h. MID$(X$,LEN(X$)-A+1,A)
Z$ = X$+Y$	Verkettung von X$ und Y$ zu Z$

Die Funktionen MID$, LEFT$, RIGHT$ sind auf manchen Rechnern schlecht und inkonsistent realisiert. Häufig ist als Anzahl der Zeichen A=0 nicht zulässig und führt auf eine Fehlermeldung. Von der Logik der Sache her sollte sich in diesen Fällen jedoch die leere Zeichenkette "" ergeben. Dies ist in obigem Programm angenommen. Führt A=0 bei LEFT$ und RIGHT$ auf eine Fehlermeldung, so muß die angegebene Ersatzdarstellung mit MID$ verwendet werden (z.B. in Beispiel 2.5).

Bei einem Problem, das nur von Zeichenpositionen in Zeichenketten Gebrauch macht, ist es manchmal nützlich, die Funktionen ganz auf Positionen umzuschreiben. Nennen wir diese Funktionen links(...), rechts(...) und teil(...), so stellen wir fest, daß links(...) mit LEFT$(...) übereinstimmt, bei rechts(...) die Position mit Hilfe von LEN(...) zu berechnen und bei teil(...) beides zu kombinieren ist:

```
links(X$,P)       =   LEFT$(X$,P)
rechts(X$,P)      =   RIGHT$(X$,LEN(X$)-P+1)
teil(X$,P1,P2)    =   MID$(X$,P1,P2-P1+1)
```

Offensichtlich lassen sich links(...) und rechts(...) auf teil(...) und damit auf MID$(...) zurückführen. MID$(...) ist also die einzige wesentliche Funktion zum Bilden von Teilzeichenketten.

Beispiel 2.6 Es sollen Funktionen delete(...) und insert(...) definiert werden mit folgender Bedeutung:

X$ = delete(X$,P,A)	in X$ werden ab Position P (einschließlich) A Zeichen gelöscht
X$ = insert(X$,I$,P)	in X$ wird nach Position P die Zeichenkette I$ eingefügt.

Durchführung

Hier sind offenbar die nur auf Positionen bezogenen Funktionen gut anwendbar:

```
delete(X$,P,A)=links(X$,P-1)+rechts(X$,P+A)
insert(X$,I$,P)=links(X$,P)+I$+rechts(X$,P+1)
```

Es bleibt dem Leser überlassen, diese Definitionen auf teil(...) und danach auf MID$(...) zurückzuführen.

Beispiel 2.7 Zwischen zwei Zeichenketten A$ und B$ sind Vergleiche möglich. Testen Sie an Ihrem System anhand folgenden Programms aus, was

A$ < B$

bedeutet. Betrachten Sie dabei auch Fälle wie

"ZWERG" ..... "ZWERGAHORN"
"ZWERG" ..... "ZWERG NASE"
"ZWERG NASE" ... "ZWERGAHORN"

```
REM<<<TESTPROGRAMM>>>
INPUT A$
INPUT B$
solange A$ ≠ "" führe
  wenn A$<B$ dann führe
    PRINT A$;"<";B$
  aus
  sonst führe
    PRINT B$;"≤";A$
  aus
  INPUT A$
  INPUT B$
aus
END
```

2.4 Logische Werte und Variable

Wir wollen mit einem Beispiel beginnen und daran den Sinn der Verwendung logischer Variablen erkennen.

Beispiel 2.8 Test einer Zahl Z auf Primzahleigenschaft.

Problemstellung und -analyse

Auf die Eingabe einer Zahl Z soll das Urteil

Z IST PRIMZAHL oder Z IST NICHT PRIMZAHL

ausgegeben werden.

Der Rahmen für das Programm

```
REM---PRIMZAHLPRÜFUNG
INPUT Z
  Urteil
PRINT Z;" IST ";U$
END
```

Die Gewinnung des Urteils

Entsprechend der Definition einer Primzahl dürfen nur genau zwei Teiler vorliegen: 1 und die Zahl selbst.
Mit anderen Worten:

- 1 ist keine Primzahl, da sie nur einen Teiler besitzt;
- irgendeine Zahl ist keine Primzahl, wenn man einen nichttrivialen Teiler (einen Teiler ≠ 1 und ≠ Z) nachweisen kann.

Wie in 2.1 gezeigt wurde, muß man dazu nicht alle Zahlen < Z durchprobieren:

```
REM---URTEIL
U$="PRIMZAHL"
IF Z=1 THEN U$="NICHT PRIMZAHL"
T=2
solange U$="PRIMZAHL" AND T*T≤Z führe
   IF T teilt Z THEN U$="NICHT PRIMZAHL"
   T=T+1
aus
```

Die Vorstellung dabei ist die folgende:
Man geht von der Annahme "PRIMZAHL" aus. Wenn diese Annahme bei keinem Schleifendurchlauf fallengelassen werden mußte, bildet sie das endgültige Urteil.
Im vorigen Beispiel wurde eine Zeichenkette U$ als Urteil über die eingegebene Zahl betrachtet. U$ konnte die Werte

"PRIMZAHL" und "NICHT PRIMZAHL"

annehmen.
Für solche Situationen haben höhere Programmiersprachen einen eigenen Datentyp, die logischen Werte (engl. "logical" oder "boolean").
Eine logische Variable kann die Werte

true ... wahr
false ... falsch

annehmen.
In BASIC sind keine logischen Werte beim Entwurf der Sprache vorgesehen worden. Sie werden in verschiedenen Versionen unterschiedlich realisiert. Es ist daher notwendig, beim Entwurf des Programms eine klare Vorstellung von logischen Variablen und ihren Beziehungen zu haben und die Realisierung in BASIC erst in zweiter Linie zu betrachten.

Zeichenkettenvariable als Merker

Im Beispiel 2.8 dient U$ als Merkvariable. Die Benutzung einer Zeichenkettenvariablen hat den Vorteil, daß die Werte inhaltlich beschrieben werden können. Man sollte diese Möglichkeit immer ergreifen, wenn sich die Bedeutung der logischen Variablen gut formulieren läßt und keine komplexeren logischen Umrechnungen erforderlich sind.

Die Zahlen 0 und 1 als logische Werte

Muß man die logischen Verknüpfungen anwenden, so empfiehlt es sich, "0" und "1" für die logischen Werte "falsch" bzw. "wahr" zu wählen. Man kann dann in folgender Weise die grundlegenden logischen Verknüpfungen arithmetisch simulieren:

NOT P	....	1-P	Negation	$\neg p$
P AND Q	...	P*Q	Konjunktion	$p \wedge q$
P OR Q	...	P+Q-P*Q	Disjunktion	$p \vee q$

Beispiel 2.9 Schreiben Sie ein Programm, das die Verknüpfungstafeln von verschiedenen logischen Verknüpfungen ausgibt.

Durchführung

Die Variablen P und Q sollen alle möglichen Werte annehmen; dies geschieht am übersichtlichsten in 2 geschachtelten FOR-NEXT-Schleifen.

```
REM<<<VERKNÜPFUNGSTAFELN>>>
REM   P,Q LOGISCH
FOR P=0 TO 1
  FOR Q=0 TO 1
    PRINT P,Q,P AND Q
  NEXT Q
NEXT P
END
```

Spielen Sie das Programm auch für "P OR Q", "NOT P OR Q" und andere Kombinationen durch.
Unter der Annahme, daß false < true ist (was ja der Fall ist, wenn diese Werte mit "0" bzw. "1" identifiziert sind), kann man logische Verknüpfungen auch mit den Vergleichsoperatoren darstellen:

P < = Q	die Subjunktion $p \Rightarrow q$
P = Q	die Bijunktion $p \Leftrightarrow q$
P < > Q	das "ausschließende oder" $p \succ\!\!\prec q$ ("aut")

Darstellung der logischen Werte durch Zahlen

Es ist häufig in BASIC-Versionen so, daß die logischen Verknüpfungen so realisiert sind wie gerade geschildert, d.h. "AND", "OR" und "NOT" können verwendet werden, wie in Beispiel 2.9 ausgeführt. Dabei wirkt in der Regel

eine Zahl $a \neq 0$ wie true (wahr) und
die Zahl 0 wie false (falsch).

Ergebnis einer logischen Verknüpfung ist jedoch immer

die Zahl 1 für true (wahr)
die Zahl 0 für false (falsch).

Leider ist in diesen Systemen nicht ausgeschlossen, daß sinnlose Ausdrücke mit logischen Verknüpfungen gebildet werden. So gibt z.B.

```
PRINT  1.5  AND  0.5
```

den Wert 1.

Daß in diesen Fällen keine Fehlermeldung vom Rechner gegeben wird, kann katastrophal sein, da der Computer auch bei sehr krassen Codierfehlern noch irgend etwas tut. Es ist daher anzuraten, logische Variablen gesondert zu kennzeichnen und zu dokumentieren.

In solchen BASIC-Versionen können jedoch auch die Vergleichsausdrücke logisch verknüpft werden, da sie je nach Bedingung die Werte 0 oder 1 haben. Probieren Sie dies aus.

```
PRINT  3<5
PRINT  5<3
PRINT NOT (3=0)
PRINT NOT 3=0
```

Beispiel 2.10 Fünf Jungen a, b, c, d, e wollen fernsehen. Sie stellen folgende Bedingungen:

(1) Wenn a fernsieht, will auch b fernsehen
(2) b und c wollen nicht gleichzeitig fernsehen, aber mindestens einer
(3) Wenn d nicht fernsieht, will e fernsehen
(4) c und e wollen beide zusammen oder beide nicht fernsehen
(5) Wenn d fernsieht, wollen auch a und e zusammen fernsehen

Wer darf fernsehen, ohne eine der Aussagen zu verletzen?

Logische Formulierung des Problems

Natürlich kann man die Lösung durch Probieren finden, aber dieser Weg ist bei der Vielzahl von Möglichkeiten mühsam und unzuverlässig, kann es doch sein, daß man eine richtige Lösung überspringt. Jede Aussage betrachten wir als "wahr"; es gilt:

(1) $a \rightarrow b$

(2) $b \wedge \bar{c} \vee \bar{b} \wedge c$

(3) $\bar{d} \rightarrow e$

(4) $c \wedge e \vee \bar{c} \wedge \bar{e}$

(5) $d \rightarrow (a \wedge e)$

(Der Einfachheit halber wurde z.B. a für die Aussage "a sieht fern" gesetzt.)

Die mit dem Pfeil ($\rightarrow$) markierte Zuordnung, die Subjunktion, liest man "wenn a, dann auch b". Eine Umkehrung dieser Aussage ist unzulässig.

Rahmenprogramm

Die Variablen a, ..., e können je zwei Zustände annehmen. Es gibt also 2^5 verschiedene Fälle, die sich mit 5 verschachtelten FOR-NEXT-Schleifen darstellen lassen.

```
REM<<<FERNSEHPROBLEM>>>
FOR A=0 TO 1
  FOR B=0 TO 1
    FOR C=0 TO 1
      FOR D=0 TO 1
        FOR E=0 TO 1
          Verarbeitungsteil
          Ausgabe
        NEXT E
      NEXT D
    NEXT C
  NEXT B
NEXT A
END
```

Verarbeitungsteil und Ausgabe

Die in der Sprache enthaltenen Verknüpfungen AND und OR gestatten es, die Aussagen (2) und (4) direkt zu übernehmen. Für die Subjunktion gilt die Übersetzungsregel

$$A \rightarrow B \quad \text{entspricht} \quad \bar{A} \vee B$$

Falls es Ihr Rechner zuläßt, können Sie auch

$$A \rightarrow B \quad \text{durch} \quad A <= B$$

darstellen.

Setzen wir für die einzelnen Aussagen die Abkürzungen R, S, T,U,V und beachten, daß $\bar{A}$ mit NOT(A) zu schreiben ist, folgt:

```
REM---VERARBEITUNGSTEIL
R=NOT A OR B
S=(B AND NOT C) OR (NOT B AND C)
T=D OR E
U=(C AND E) OR (NOT C AND NOT E)
V=NOT D OR (A AND E)
Y=R AND S AND T AND U AND V
```

```
REM---AUSGABE
wenn Y=1 dann führe
  PRINT A,B,C,D,E
aus
```

Übersetzen Sie - falls nötig - die logischen Ausdrücke in arithmetische. Lassen Sie das Programm laufen und prüfen Sie die Ergebnisse anhand der Aussagen.

Ihre Schlagkraft erhält diese Simulation aber nicht durch die Verarbeitungsgeschwindigkeit des Computers. Wesentlich weitreichender ist die Möglichkeit, das Modell bequem verändern zu können, z.B.

- Variation der Aussagen
  Beispiel: Aussage (3) werde zu $\bar{d} \rightarrow b$
- Streichen von Aussagen
  Beachten Sie, wie die Lösungsmenge wächst!
- Einfügen von Aussagen

2.5 Eindimensionale Felder

Eindimensionale Felder bilden die einfachste Strukturierungsmöglichkeit für die numerierte Aufzählung von Daten. Anschaulich kann man sich die Anordnung der Speicherzellen waagrecht in einer Zeile oder senkrecht in einer Spalte vorstellen. Diese Strukturierungsmöglichkeit entspricht also der Indizierung von Variablen, z.B. a_k mit k = 0, 1, 2, ... , 20.

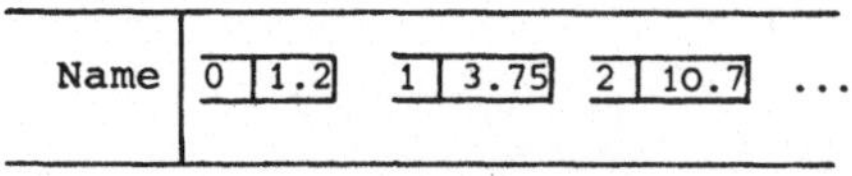

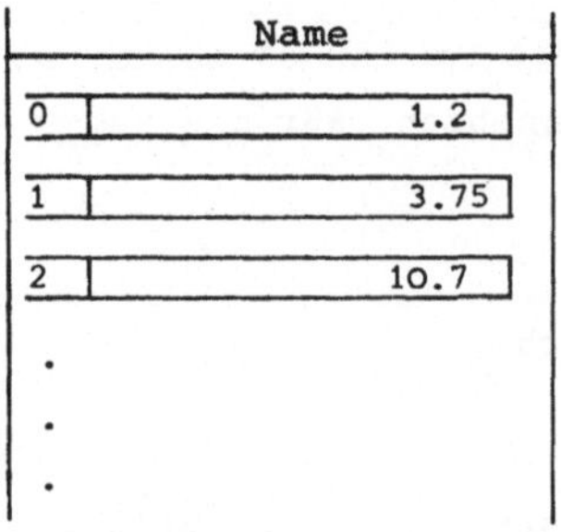

Name	0 | 1.2	1 | 3.75	2 | 10.7	...

Name	
0	1.2
1	3.75
2	10.7
.	
.	
.	

Die anschauliche Vorstellung entspricht den mathematischen Begriffsbildungen des Vektors (Zeilen- und Spaltenvektor).

Diese Strukturierungsmöglichkeit eines eindimensionalen Feldes ist in praktisch allen BASIC-Versionen vorhanden. Durch die Vereinbarung

DIM A(20)

wird z.B. unter dem Namen A ein Feld mit 21 Plätzen (für Zahlen) vereinbart, die von 0 bis 20 durchnumeriert sind. Von den Aufgaben her ist es oft adäquat, nur Indizes ab 1 zuzulassen. In diesen Fällen bleibt A(0) leer.

Beispiel 2.11 Hornersches Schema

Für ein Polynom

$$a_n x^n + \ldots + a_1 x + a_o$$

soll eine Wertetafel aufgestellt werden, wobei die Werte nach dem Hornerschen Schema zu berechnen sind.

Durchführung

Im Unterschied zu Beispiel 1.19 werden die Koeffizienten a_k mehrmals zur Berechnung gebraucht; sie wurden daher zu Beginn in einer Eingabeschleife mit Werten besetzt.

```
REM---EINGABE DES POLYNOMS
INPUT N
FOR K=0 TO N
  INPUT A(K)
NEXT K
```

Die Berechnung des Polynomwertes für X wird nun entsprechend Beispiel 1.19 durchgeführt.

```
REM---HORNER-SCHEMA
LET Y=0
FOR K=N TO 0 STEP -1
  Y=Y*X+A(K)
NEXT K
PRINT X,Y
```

Für die Wertetafel sehen wir noch vor, daß Anfangs-, Endwert und Schrittweite vorgegeben werden müssen.
Damit ergibt sich das Gesamtprogramm:

```
REM<<<WERTETAFEL EINES POLYNOMS>>>
REM---VEREINBARUNGEN
REM    N...GRAD≤100
REM    A(K) ... KOEFFIZIENTEN
DIM A(100)
```

```
REM---EINGABE DES POLYNOMS
INPUT N
FOR K=0 TO N
  INPUT A(K)
NEXT K

REM---BERECHNUNG
INPUT X1,X2,S
FOR X=X1 TO X2 STEP S

  REM---HORNER-SCHEMA
  LET Y=0
  FOR K=N TO 0 STEP -1
    Y=Y*X + A(K)
  NEXT K
  PRINT X,Y

NEXT X
END
```

Häufig ist es so, daß man dasselbe Polynom wiederholt bei verschiedenen Programmläufen braucht. In diesem Fall würde man den Grad n und die Koeffizienten a_k in eine DATA-Anweisung schreiben und von dort einlesen.

```
REM---EINGABE EINES POLYNOMS
DATA .....
READ N
FOR K=0 TO N
  READ A(K)
NEXT K
```

Beispiel 2.12 Erweitertes Horner-Schema

Zu einem vorgegebenen X-Wert soll für ein Polynom der Funktionswert und die ersten n Ableitungen ausgegeben werden.

Durchführung

Die Ableitungen können dem erweiterten Horner-Schema entnommen werden (vgl. z.B. Zurmühl 1957, S.37). Das Schema für die Handrechnung sieht folgendermaßen aus:

$$f(x) = 3\,x^4 - 5\,x^3 + 2\,x^2 - 5\,x + 1$$

an der Stelle x = 1 .

Man erhält damit den Algorithmus des erweiterten Hornerschen Schemas, indem man das einfache Schema aus Beispiel 2.11 mehrfach (in einer geeignet konstruierten Schleife) anwendet. Parallel dazu wird die Fakultät F berechnet. Betrachten Sie bei dem folgenden Programmteil genau, wie er aus dem entsprechenden Teil von Beispiel 2.11 durch Verallgemeinern hervorgeht.

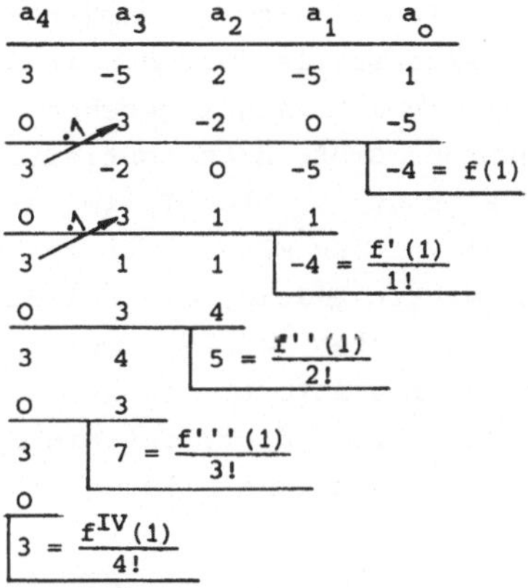

a_4	a_3	a_2	a_1	a_o	
3	-5	2	-5	1	
o	3	-2	o	-5	
3	-2	o	-5	$-4 = f(1)$	
o	3	1	1		
3	1	1	$-4 = \frac{f'(1)}{1!}$		
o	3	4			
3	4	$5 = \frac{f''(1)}{2!}$			
o	3				
3	$7 = \frac{f'''(1)}{3!}$				
o					
$3 = \frac{f^{IV}(1)}{4!}$					

```
REM---ERWEITERTES HORNER-SCHEMA
INPUT X
F=1
FOR I=0 TO N
  LET Y=0
  FOR K=N TO I STEP -1
    Y=Y*X+A(K)
    A(K)=Y
  NEXT K
  IF I>1 THEN F=F*I
  PRINT I;".TE ABLEITUNG:";A(I)*F
NEXT I
```

Beispiel 2.13 Sortieren

Die in einem Feld F gespeicherten Zahlen sollen der Größe nach sortiert werden.

Programmanalyse

Zum Sortieren gibt es eine ganze Reihe von Algorithmen, die alle verschieden effizient bezüglich Speicherbedarf und Rechenzeit sind (vgl. Wirth 1975, S.88ff). Das einfachste Verfahren wäre aus einem Ausgangsfeld F nacheinander jeweils das größte Element herauszusuchen und in ein Ergebnisfeld der Reihenfolge nach umzuspeichern. Dies würde jedoch erfordern, daß man für das Verfahren selbst doppelt soviel Speicherplätze benötigt als Daten vorhanden sind. Dies ist extrem unwirtschaftlich. Will man jedoch nur das Ausgangsfeld benutzen und daran Handlungen durchführen, so daß die Daten sortiert sind, so ergeben sich interessante Probleme.

Wir wollen als Sortierverfahren im folgenden formalisieren, was ein Kartenspieler mit den in der Hand aufgefächerten Karten tut: Er hat (vom Anfang abgesehen) zwei Teile seines Fächers, und zwar links der Größe nach sortierte Karten, in die er eine um die andere Karte des rechten Teiles einfügt.
Diesen Vorgang müssen wir der Datenstruktur eines Feldes anpassen:
- Es gibt n Plätze, die Feldelemente
- und n Karten, die die verschiebbaren Daten darstellen.

Konkret realisiert - es ist hilfreich, es auch tatsächlich einmal zu tun - heißt dies, daß ein Spielplan mit n Plätzen vereinbart ist, dessen anfängliche Belegung mit Karten die folgende sei:

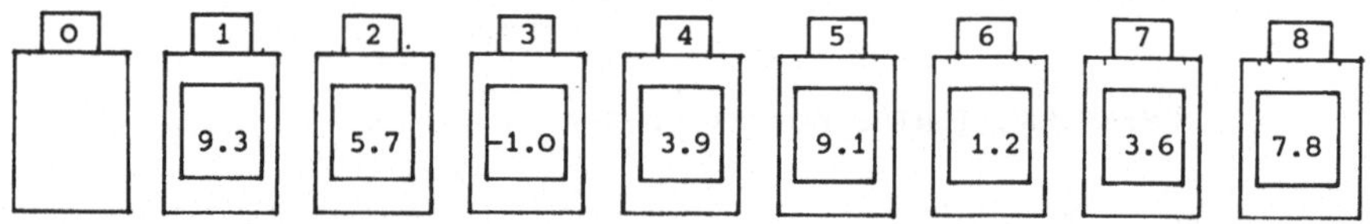

Bei dieser Vorstellung kann man jedoch nicht einfach eine Karte dazwischen stecken; man muß dafür einen freien Platz schaffen, indem die anderen Karten entsprechend wegrücken. Das durch Herausgreifen einer Karte entstandene Loch wandert nach links bis die richtige Stelle erreicht ist. Oder: Es wird nach links gehend Schritt um Schritt verglichen; solange die Karte kleiner ist, wird sie einen Platz nach rechts verschoben.

```
REM<<<SORTIEREN DURCH EINFÜGEN>>>
DIM F(8)
Einlesen
FOR I=2 TO N
  X=F(I)
  F(0)=X
  J=I-1
  solange F(J)<X führe
    F(J+1)=F(J)
    J=J-1
  aus
  F(J+1)=X
NEXT I
END
```

Die Zeile F(0) = X garantiert, daß die solange-Schleife sinnvoll abbricht; auch wenn ein Element bis zum ersten Platz vorläuft (J=0).

Machen Sie sich durch Durchspielen am Spielkartenmodell eine anschauliche Vorstellung von folgendem Sortieralgorithmus:

```
REM<<<BUBBLESORT>>>
DIM F(8)
FOR I=2 TO N
  FOR J=N TO I STEP -1
    wenn F(J-1)>F(J) dann führe
      X=F(J-1)
      F(J-1)=F(J)
      F(J)=X
    aus
  NEXT J
NEXT I
END
```

Für das praktische Austesten dieser Programme empfiehlt es sich, eine Reihe von Testdaten in einer DATA-Anweisung bereitzuhalten, beispielsweise: DATA 9.3, 5.7, -1.0, 3.9, 9.1, 1.2, 3.6, 7.8. Beim Austesten ist es zudem gut, sich nach jedem Vorgang (also direkt vor der NEXT I - Anweisung) das Feld ausgeben zu lassen:

```
FOR K=1 TO N
  PRINT F(K),
NEXT K
```

Beispiel 2.14 Alphabetisieren
Schreiben Sie ein Programm, das eine Liste von Wörtern in die alphabetische (lexikografische) Ordnung bringt.

Durchführung

Das zwischen Zeichenketten definierte "<"-Zeichen entspricht genau der lexikografischen Ordnung. Die Wörter müssen also nur der "Größe" nach geordnet werden. Wir geben dazu im Programm ein drittes Sortierverfahren an. Machen Sie sich an einem Beispiel klar, daß es tatsächlich das Gewünschte leistet.

```
REM<<<ALPHABETISIEREN>>>
REM---VEREINBARUNGEN
REM   ZEICHENKETTEN (WÖRTER): Z$
REM   ANZAHL DER WÖRTER: N
REM   HILFSVARIABLE IM DREIECKSTAUSCH: X$
REM---INITIALISIERUNGEN
DIM Z$(100)
```

```
REM---EINLESEN
INPUT N
FOR I=1 TO N
  INPUT Z$(I)
NEXT I
```

```
REM---SORTIEREN
FOR I=1 TO N-1
  J=I
  X$=Z$(I)
  FOR K=(I+1) TO N
    wenn Z$(K)<X$ dann führe
      J=K
      X$=Z$(K)
    aus
  NEXT K
  Z$(J)=Z$(I)
  Z$(I)=X$
NEXT I
```

```
REM---AUSGABE
FOR I=1 TO N
  PRINT Z$(I)
NEXT I
END
```

2.6 Zwei- und mehrdimensionale Felder

	0	1	2	3 ...	20
0	☐	☐	☐	☐	☐
1	☐	☐	☐	☐	☐
2	☐	☐	☐	☐	☐
⋮					
20	☐	☐	☐	☐	☐

Die Sprache BASIC läßt im allgemeinen auch die Strukturierungsmöglichkeit zu, bei der Speicherplätze durch zwei Indizes bezeichnet werden. Anschaulich stelle man sich den Sachverhalt als rechteckiges Schema vor, die Indizes numerieren Zeilen und Spalten der Matrix.

In BASIC vereinbart

    DIM A(20,20)

einen Bereich von 21 · 21 Speicherplätzen. Dabei kann man den Inhalt der Zelle in der I-ten Zeile und J-ten Spalte durch

    A(I,J)

zitieren.

Beispiel 2.15 Bei einer Wahl fallen für N Wahlbezirke und M Parteien die abgegebenen Stimmen an. Es sollen ermittelt werden

- die für jede Partei insgesamt abgegebenen Stimmen,

- die pro Bezirk abgegebenen Stimmen,
- die Gesamtzahl der abgegebenen Stimmen,
- die prozentuale Verteilung der Stimmen auf die Parteien für jeden Bezirk.

Problemlösung

I \ J		Partei 1	2	3	4	Zeilen-summe
Bezirk	1	1237	7825	769	63	
	2	2365	6500	1017	87	
	3	...	...			
	4	...	...			
	5	...	...			
	6	...	...			
Spalten-summe						

Die Anordnung der Zahlen in einem Rechteckschema ist sehr naheliegend.

Als Testbeispiel stellen wir uns 6 Bezirke und 4 Parteien vor. Damit sind folgende Vereinbarungen zu treffen:

```
REM<<<AUSWERTUNG EINER WAHL>>>
REM---VEREINBARUNGEN
REM    I: BEZIRKSNUMMER
REM    J: PARTEINUMMER
REM    A: MATRIX DER STIMMEN
REM    Z: STIMMEN DER PARTEIEN
REM    S: GESAMTSTIMMEN IM BEZIRK
DIM A(6,4),S(4),Z(6)
N=6
M=4
```

Zur Ermittlung der für eine Partei insgesamt abgegebenen Stimmen müssen die Zahlen in einer Spalte aufsummiert werden (z.B. für Spalte 1):

```
S=0
FOR I=1 TO N
  S=S+A(I,1)
NEXT I
```

Dies wird für alle Spalten durchgeführt und das Ergebnis in S(J) festgehalten:

```
REM---SPALTENSUMMEN
FOR J=1 TO M
  S(J)=0
  FOR I=1 TO N
    S(J)=S(J)+A(I,J)
  NEXT I
NEXT J
```

Bei Matrixverarbeitungen gibt es häufig zwei ineinander geschachtelte Zählschleifen über Spalten und Zeilen. Dabei ist je nach Aufgabe auf die richtige Schachtelung zu achten. Das obige Vorgehen: Zuerst Konzentration auf einen festen Index (z.B. 1), danach Variationen des Index ist ein gutes Vorgehen, um Fehler zu vermeiden (Methode der Verallgemeinerung).
Man kann jedoch auch umgekehrt vorgehen (Methode der Verfeinerung), dies sei für die Zeilensumme erläutert.
Für alle Zeilen soll aufsummiert werden:

```
FOR I=1 TO N
  Summation der Zeile I
NEXT I
```

Summation der Zeile I bedeutet, daß über alle Spalten J zur Zeilensumme Z(I) aufzusummieren ist:

```
Z(I)=0
FOR J=1 TO M
  Z(I)=Z(I)+A(I,J)
NEXT J
```

Zusammengefaßt:

```
REM---ZEILENSUMMEN
FOR I=1 TO N
  Z(I)=0
  FOR J=1 TO M
    Z(I)=Z(I)+A(I,J)
  NEXT J
NEXT I
```

Die Gesamtzahl G der abgegebenen Stimmen kann z.B. durch Summation der Zeilensummen über alle Zeilen gewonnen werden:

```
REM---GESAMTZAHL
G=0
FOR I=1 TO N
  G=G+Z(I)
NEXT I
```

Ausgabe der prozentualen Verteilung pro Bezirk

Bei der Ermittlung der prozentualen Verteilung der Stimmen müssen die einzelnen Werte A(I) auf die Zeilensummen Z(I) bezogen werden:

```
FOR J=1 TO M
  PRINT A(I,J)/Z(I)*100,
NEXT J
```

Dies ist für alle Bezirke - also alle Zeilen - zu machen:

```
REM---PROZENTUALE VERTEILUNG
FOR I=1 TO N
  FOR J=1 TO M
    PRINT A(I,J)/Z(I)*100
  NEXT J
  PRINT
NEXT I
```

Für die Ausgabe im Matrix-Schema wurde oben mit dem Standardtabulator, der durch das Komma gegeben ist, gearbeitet; nach jeder Zeile muß ein Zeilenwechsel gemacht werden.
In praxi wird man je nach Ausgabemedium die Druckstellen mittels Tabulator selbst bestimmen müssen. Auch eine sinnvolle Rundung auf z.B. einer Stelle nach dem Komma ist noch zu leisten.

Eingabe der Stimmenverteilung

Für Testzwecke werden die Anzahlen am besten in DATA-Anweisungen im Programm festgelegt. Dabei ist es zur leichten Kontrolle praktisch, die Aufteilung in Zeilen entsprechend der Matrix vorzunehmen.

```
REM---EINLESEN DER DATEN
DATA 1237,7825,769,63
DATA 2365,6500,1017,87
....
....
FOR I=1 TO N
  FOR J=1 TO M
    READ A(I,J)
  NEXT J
NEXT I
```

Beispiel 2.16 Ein mehrdimensionales Feld soll auf ein eindimensionales zurückgeführt werden.

Durchführung

Bei dreidimensionalen Feldern wird die geometrische Veranschaulichung schwierig, bei höher dimensionalen Feldern setzt sie weitgehend aus. Viele BASIC-Versionen lassen daher höchstens 2-dimensionale Felder zu, obwohl es viele Probleme gibt, die mehrdimensionale Felder erfordern. Man stelle sich z.B. vor, die Daten der Stimmauszählung im letzten Beispiel sollen zum Zwecke der Wahlhochrechnung für alle zurückliegenden Wahlen gespeichert werden.

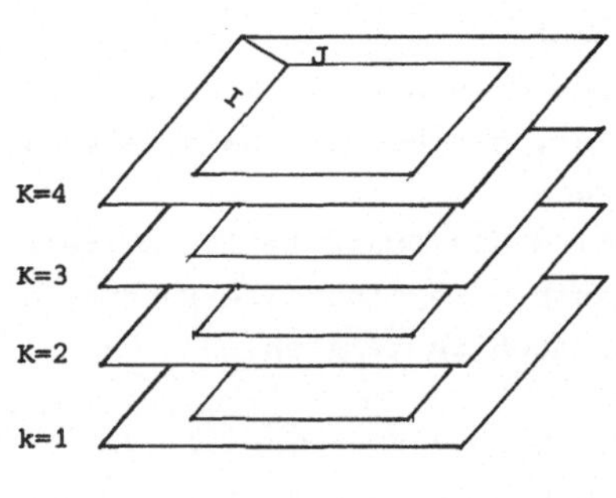

Man wird sich hierzu einen 3. Index K vorstellen, der Schichten von 2-dimensionalen Feldern im Raum bezeichnet.

Gibt es in der Sprache keine Möglichkeit, mehrdimensionale Felder zu vereinbaren, so muß man sich diese Strukturierung selbst organisieren. Wir wollen dies am Beispiel eines dreidimensionalen Feldes durchführen, z.B.

F (I, J, K) mit

I = 0, 1	maximales I : I1 = 1
J = 0, 1, 2	maximales J : J1 = 2
K = 0, 1	maximales K : K1 = 1

Um dieses Feld zu speichern, benötigen wir ein eindimensionales Feld mit 12 Stellen, in das wir die Werte in genau festgelegter Reihenfolge eintragen (vgl. Numerierung im Kreis).

K = 0

I \ J	0	1	2
0	(1)	(3)	(5)
1	(2)	(4)	(6)

K = 1

I \ J	0	1	2
0	(7)	(9)	(11)
1	(8)	(10)	(12)

I	J	K	P
0	0	0	0
1	0	0	1
0	1	0	2
1	1	0	3
0	2	0	4
1	2	0	5
0	0	1	6
1	0	1	7
0	1	1	8
1	1	1	9
0	2	1	10
1	2	1	11

Man sieht, daß der

Index I "schneller" als J und der

Index J "schneller" als K läuft.

P ergibt sich also aus I, J, K durch folgende Formel:

$$P = I + J(I1+1) + K(I1+1)(J1+1)$$

Man kann also beim Problemlösen immer so tun, als ob man beliebig dimensionale Felder zur Verfügung habe. In einem extra Arbeitsgang werden dann die Zahlentripel übersetzt!

(I,J,K) entspricht (I + J(J1+1) + K(I1+1)(J1+1)

Diese Übersetzung ist rein formaler Natur, sie sollte daher nie mit dem Problemlösevorgang als solchem vermischt werden. (Die Verallgemeinerung auf beliebige n-Tripel ist offensichtlich.)

2.7 Wechselwirkung zwischen Datenstrukturen und Algorithmus

In 2.5 wurde das eindimensionale Feld als Datenstruktur vorgegeben und ein Algorithmus dafür entwickelt. Im folgenden soll umgekehrt zu einem vorgegebenen Algorithmus eine geschickte, den Algorithmus selbst vereinfachende Datenstruktur ermittelt werden, um die Wechselwirkung zwischen Algorithmus und Datenstruktur zu erläutern.

Beispiel 2.17 Erstellen eines magischen Quadrats ungerader Ordnung
Ein magisches Quadrat der Ordnung n ist eine Matrix mit n Zeilen und n Spalten, die mit den Zahlen 1, 2, ..., n^2 so besetzt ist, daß alle Zeilen- und alle Spaltensummen sowie die beiden Diagonalensummen denselben Wert haben.

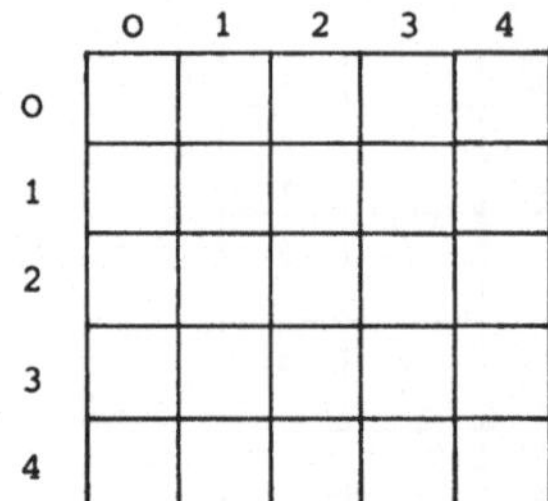

Durchführung

Als Algorithmus zum Füllen solch eines magischen Quadrats ungerader Ordnung kann man in der Literatur folgenden Ablaufplan finden. Die dafür verwendete Datenstruktur ist naheliegenderweise ein 2-dimensionales Feld.

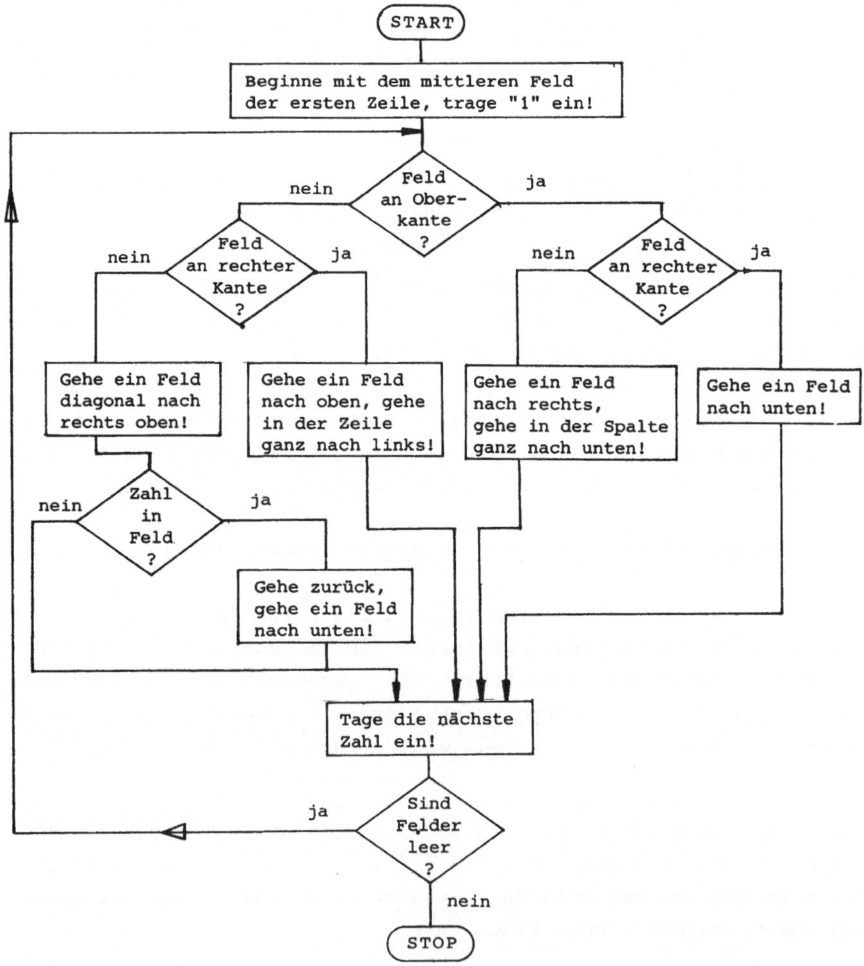

START

Beginne mit dem mittleren Feld der ersten Zeile, trage "1" ein!

Feld an Oberkante ?

nein

Feld an rechter Kante ?

nein: Gehe ein Feld diagonal nach rechts oben!

Zahl in Feld ?

nein

ja: Gehe zurück, gehe ein Feld nach unten!

ja: Gehe ein Feld nach oben, gehe in der Zeile ganz nach links!

ja

Feld an rechter Kante ?

nein: Gehe ein Feld nach rechts, gehe in der Spalte ganz nach unten!

ja: Gehe ein Feld nach unten!

Tage die nächste Zahl ein!

Sind Felder leer ?

ja

nein

STOP

Führen Sie das Füllen eines magischen Quadrats der Ordnung 5 genauestens nach dem Ablaufplan durch. Man stellt dabei fest, daß 3 Entscheidungen allein die Randlage von Feldern betreffen, sonst wird diagonal nach rechts oben fortgeschritten:

Normalfall

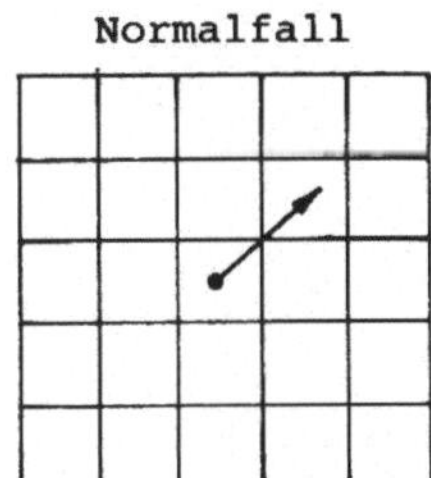

oberer Rand

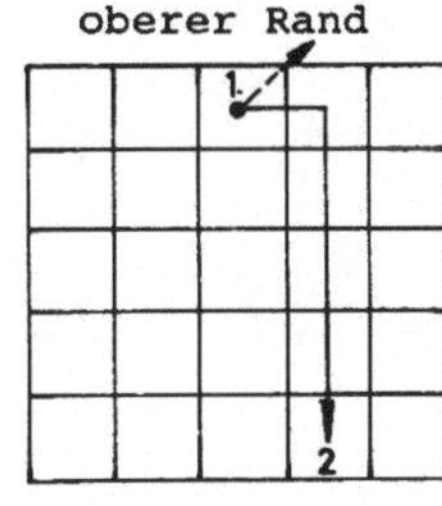

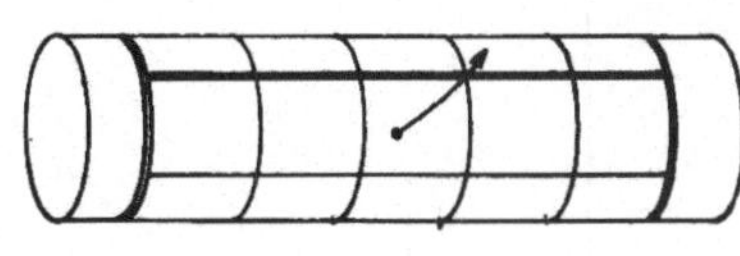

Dieser seltsame Zug von der ersten zur letzten Zeile ordnet sich jedoch in den Normalfall ein, wenn man sich den unteren Rand an den oberen angeheftet vorstellt, d.h. das Papier zur Röhre gerollt wird; ebenso verhält es sich mit dem rechten Rand:

rechter Rand

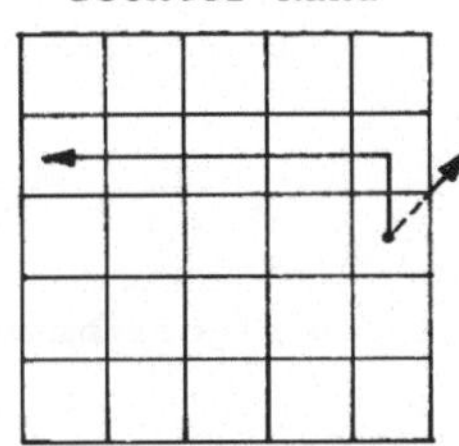

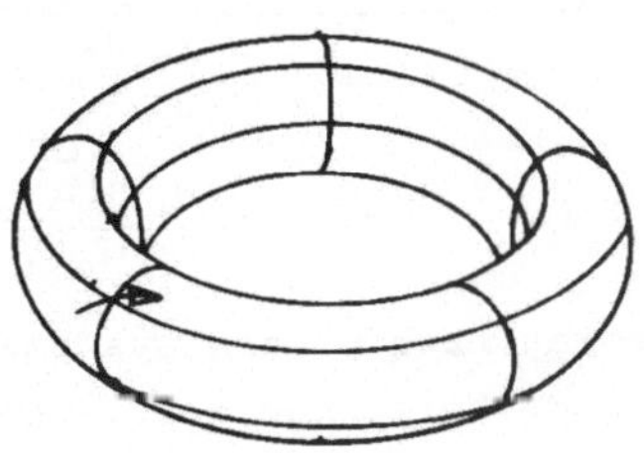

Die Röhre muß noch längs ihrer beiden Öffnungen verbunden werden; es entsteht ein Torus (Fahrradschlauch). Der Fall der rechten oberen Ecke ordnet sich dabei ebenfalls in den Normalfall ein.
Die für diesen Algorithmus am besten angepaßte Datenstruktur ist also - um mit der geometrischen Ausdrucksweise zu reden - ein Torus. Die Realisierung in einem Programm ist sehr einfach. Wir müssen gewährleisten, daß nach der letzten Spalte wieder die erste kommt, d.h. die Indizes der Matrix müssen modulo n gerechnet werden.

```
REM---DATENSTRUKTUR TORUS
REM   Q: MATRIX
DIM Q(...,...)
REM   S: SPALTENINDEX, MODULO N
REM   Z: ZEILENINDEX, MODULO N
REM---TORUS ENDE
REM   X: EINZUFÜLLENDE ZAHL
```

Damit schrumpft der Ablaufplan zum Normalfall zusammen:

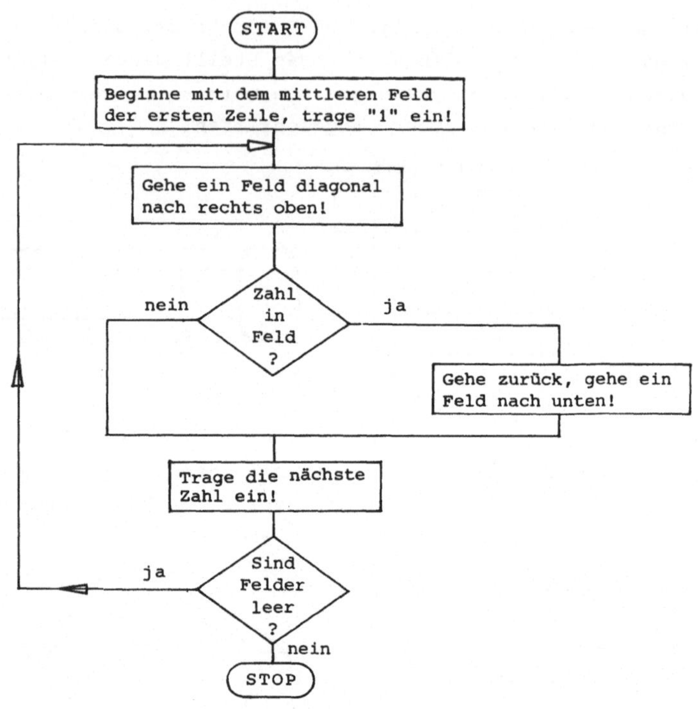

Spielt man nach diesem systematisierten Ablauf den Algorithmus durch, so stellt man fest, daß

- man genau (n-1) mal diagonal fortschreiten und eine Zahl eintragen kann, (beim n-ten Mal wäre der Platz besetzt);
- man kann somit nach (n-1) Diagonalschritten einen Schritt nach unten gehen.

Die Prüfung, ob ein Platz besetzt ist, entfällt somit.

```
REM---ALGORITHMUS
REM...ANFANG
INPUT N
S=(N-1)/2
Z=0
X=1
REM...EINFÜLLVORGANG
FOR I=1 TO N
  FOR J=1 TO N-1
    Q(Z,S)=X
    X=X+1
    Z=(Z-1) MOD N
    S=(S+1) MOD N
  NEXT J
  Q(Z,S)=X
  X=X+1
  Z=(Z+1) MOD N
NEXT I
Ausgabe
END
```

(Zu "mod" vergleiche man 2.1)

Die Torusvorstellung für das magische Quadrat ergibt sofort, daß sich die Zeilensummen und Spaltensummen nicht ändern, wenn man längs einem anderen Paar orthogonaler Kreise den Torus aufschneidet und einebnet. D.h. mit anderen Worten: Man kann z.B. die Zahl 1 an einer beliebigen Stelle des Quadrats stehen haben. Der Algorithmus liefert somit für jedes Paar von Anfangswerten S und Z ein Quadrat, dessen Zeilen- und Spaltensummen gleich sind; die Diagonalensummen ändern sich jedoch, so daß solche Quadrate nicht "magisch" sein müssen.

2.8 Listen als Datenstrukturen

Ziel dieses Abschnitts ist es, den Begriff der (linearen) Liste an einem Beispiel einzuführen.

Beispiel 2.18 Alphabetisches Einsortieren
Es werden nacheinander Wörter in ein Programm eingegeben. Zu jedem Zeitpunkt liegen die bisher eingegebenen Wörter in einer alphabetischen Liste vor.

Durchführung

Es ist also nicht so, daß ein einmalig eingegebener Bestand an Wörtern alphabetisiert werden soll (wie in Beispiel 2.14), sondern daß
- zu Beginn die Liste leer ist,
- bei jeder Eingabe ein Wort entsprechend der lexikografischen Ordnung
  - entweder vorne angefügt
  - oder eingefügt
  - oder hinten angefügt

  werden muß und
- zu jedem Zeitpunkt die bisher eingegebenen Wörter alphabetisiert abgerufen werden können.

Es ist also dieselbe Situation gegeben, wie bei einer alphabetischen Kartei, die laufend ergänzt wird.

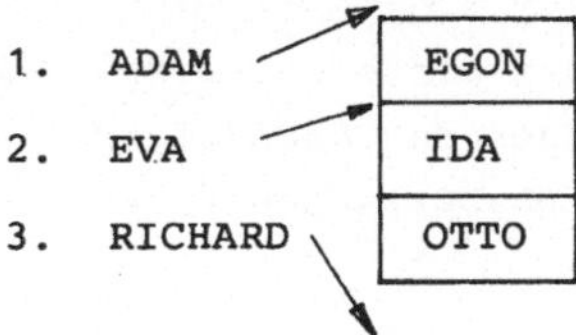

Offensichtlich benötigen wir eine Folge von Speicherzellen, in die die Wörter abgespeichert werden, z.B.

DIM W$(100)

Eine erste Möglichkeit könnte darin bestehen, daß man versucht, die Wörter so in W$ zu schreiben, daß sie entsprechend dem Index I alphabetisch geordnet sind. Das würde bedeuten, daß man bei der Eingabe fast jeden Wortes eine ganze Reihe von Wörtern umspeichern müßte:

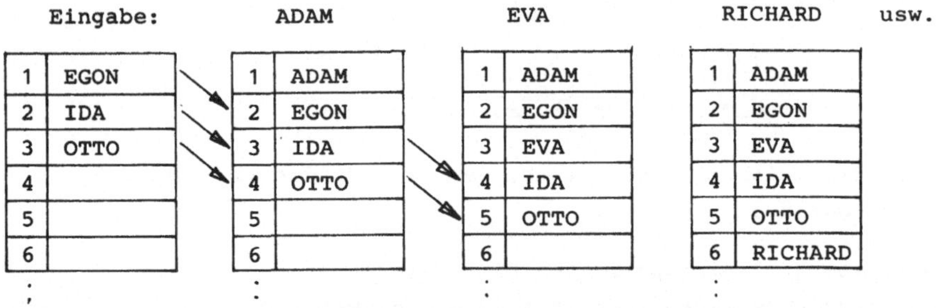

Eingabe: ADAM EVA RICHARD usw.

1	EGON	1	ADAM	1	ADAM	1	ADAM
2	IDA	2	EGON	2	EGON	2	EGON
3	OTTO	3	IDA	3	EVA	3	EVA
4		4	OTTO	4	IDA	4	IDA
5		5		5	OTTO	5	OTTO
6		6		6		6	RICHARD
:		:		:		:	

Dieses (bei einer großen Anzahl von Wörtern) umständliche und zeitraubende Umspeichern soll vermieden werden, indem man fortlaufend abspeichert und die alphabetische Reihenfolge dadurch festlegt, daß man für jede Zelle die nachfolgende Zelle festlegt:

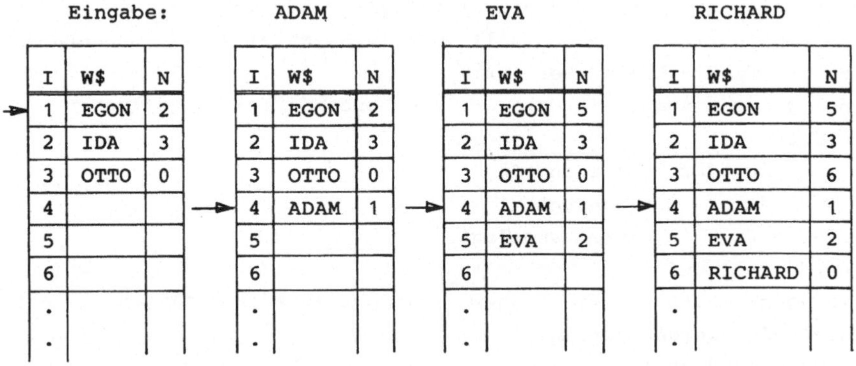

Eingabe: ADAM EVA RICHARD

I	W$	N	I	W$	N	I	W$	N	I	W$	N
→ 1	EGON	2	1	EGON	2	1	EGON	5	1	EGON	5
2	IDA	3	2	IDA	3	2	IDA	3	2	IDA	3
3	OTTO	0	3	OTTO	0	3	OTTO	0	3	OTTO	6
4			→ 4	ADAM	1	→ 4	ADAM	1	→ 4	ADAM	1
5			5			5	EVA	2	5	EVA	2
6			6			6			6	RICHARD	0
.			.			.			.		
.			.			.			.		

Der Pfeil gibt den Anfang der Liste an, "0" als "Nachfolger" signalisiert das Ende der Liste.

Nehmen wir an, daß der Anfangsindex der Liste unter dem Namen A gespeichert ist und N(I) jeweils der Index des Nachfolgers von W$(I) bedeute, dann wird die Ausgabe der alphabetischen Liste durch folgende Zeilen erreicht:

```
REM---AUSGABE DER LISTE
LET I=A
solange I≠0 führe
  PRINT W$(I)
  LET I=N(I)
aus
```

Man erkennt, daß A = 0 die leere Liste bedeutet; in diesem Fall gibt es keine Ausgabe.
F sei der Name für den Index der nächsten freien Speicherzelle.
Die Eingabeschleife für die Wörter sieht folgendermaßen aus (wobei das'Ende-der-Eingabe'-Signal im leeren Wort bestehe):

```
REM---EINGABE-SCHLEIFE
LET A=0
LET F=1
INPUT E$
solange F≤100 AND E$≠"" führe
  LET W$(F)=E$
  Einsortieren
  LET F=F+1
  INPUT E$
aus
```

Es bleibt noch das Einsortieren genauer auszuführen. Dabei muß wie bei der Ausgabe die Liste durchlaufen werden, jedoch nur, bis die richtige Stelle gefunden ist:

```
REM---EINSORTIEREN
LET I=A
solange I≠0 AND E$>W$(I) führe
  LET J=I
  LET I=N(I)
aus
```

Prüft man I nach dieser solange-Schleife, so können drei Situationen auftreten:

I = A	:	Die solange-Schleife wird übersprungen: vorn anfügen
I = 0	:	Die solange-Schleife ist vollständig abgelaufen: hinten anfügen
sonst	:	Einfügen zwischen Index J und Index I

Es wird sich herausstellen, daß nur der Fall I = A gesondert zu behandeln ist:

```
REM---EINSORTIEREN
LET I=A
solange I≠0 AND E$>W$(I) führe
  LET J=I
  LET I=N(I)
aus
wenn I=A dann führe
  REM...VORNANFÜGEN
  LET N(F)=A
  LET A=F
aus
sonst führe
  REM...EINFÜGEN
  LET N(F)=I
  LET N(J)=F
aus
```

Man erkennt, daß sich der Fall des Hintenanfügens in das Einfügen einreiht, da in diesem Fall I = 0 ist.
Es ist wie bei jeder komplexeren Datenstruktur notwendig, sich den Mechanismus der Zugriffe und Operationen auf den Datenstrukturen dynamisch klarzumachen. Es ist daher dringend zu empfehlen, den entwickelten Algorithmus am Beispiel durchzuspielen.

2.9 Sequentielle Dateien

Die logisch einfachste Form der Strukturierung von Daten ist das fortlaufende (sequentielle) Aneinanderfügen, wobei die Daten von verschiedenem (auch strukturiertem) Typ sein können. So kann man sich etwa einen Text durch Aneinanderfügen aller Textzeilen als Sequenz vorstellen. Wesentlich ist dabei, daß eine sequentielle Datei (engl. sequential file) nur fortlaufend erstellt (Verarbeitungsart: "Schreiben") und auch nur fortlaufend inspiziert werden kann (Verarbeitungsart: "Lesen").
Die eingeschränkten Zugriffs- oder Verarbeitungsmöglichkeiten sind von den technischen Gegebenheiten externer Speichermedien her vorgegeben. Im Gegensatz zum Kernspeicher des Rechners, bei dem man auf jede Zelle direkt zugreifen kann, erlaubt ein Band (z.B. Tonbandkassette) nur fortlaufend zu schreiben oder zu lesen.
Da sehr große Datenmengen ökonomisch nur sequentiell gespeichert werden können, hat diese Datenstruktur eine besondere Bedeutung.
Als Modellvorstellung für eine sequentielle Datei diene ein Papierstreifen, der durch ein Fenster fortlaufend (nur in eine Richtung)

geschoben werden kann. Jede Zeile des Streifens fasse ein Element der Daten, es kann im Fenster auf den Streifen geschrieben (Zustand: "Schreiben") oder im Fenster gelesen (Zustand: "Lesen") werden; dabei kann dies in der Regel nicht gleichzeitig geschehen, sondern in verschiedenen Durchläufen der Datei.

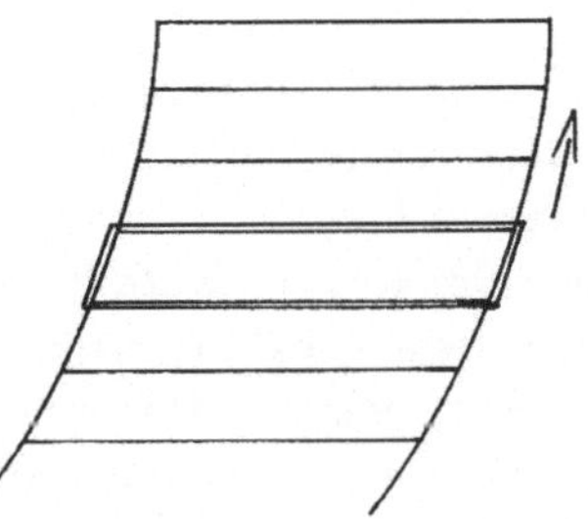

Bevor wir ein Beispiel zum Bearbeiten einer sequentiellen Datei auf Band oder Platte geben, soll gezeigt werden, daß es sich hier um eine Begriffsbildung handelt, die mit ihrer Verarbeitungslogik grundlegend ist.

Ausgabe

Die Ausgabe mit PRINT auf Sichtschirm oder Drucker geschieht genau nach der Vorstellung einer sequentiellen Datei, die nur den Zustand "Schreiben" hat; Element ist dabei eine Textzeile.
Ist bei einem Computersystem ein Sichtschirm und ein Drucker angeschlossen, so ist in der Regel der Sichtschirm die sequentielle Datei der Standardausgabe. Die Druckerdatei wird dann durch zusätzliches Definieren einer Ausgabedatei oder durch Umschalten auf eine andere Ausgabedatei festgelegt.

Eingabe

Die Eingabe mit INPUT von der Tastatur verläuft genau nach der Vorstellung einer sequentiellen Datei im Zustand "Lesen"; Element ist wieder eine Textzeile, die aus dem Puffer der Tastatur abgerufen wird.
Es ist daher umgekehrt hilfreich, sich Lesen und Schreiben bei jeder sequentiellen Datei analog zur Eingabe von Tastatur und Ausgabe auf Drucker vorzustellen. Der einzige prinzipelle Unterschied besteht nun darin, daß man bei Dateien auf Bändern und Platten davon ausgeht, daß sie mehrfach durchgelesen werden können. Man muß sie also erneut ansprechen und auch immer wieder auf ihren Anfang zurücksetzen können. Diesem Zurückspulen des Bandes entspricht allgemein bei sequentiellen Dateien der Befehl RESTORE.

DATA, READ, RESTORE in BASIC

Wie wir schon in Beispielen gesehen haben, ist es in BASIC möglich, eine sequentielle Datei (nur im Zustand "Lesen") in das Programm selbst einzubauen.
Die Daten werden dabei fortlaufend (durch Komma getrennt) nach dem Wort DATA (eventuell in mehreren Zeilen) in das Programm geschrieben. Mit READ werden ein oder mehrere Elemente der Datei fortlaufend gelesen; RESTORE setzt diese Datei auf ihren Anfang zurück. Obwohl DATA-Zeilen im allgemeinen beliebig über das Programm verstreut sein können, ist eine saubere Trennung von Programm und Datei in einem Programm unbedingt notwendig.

Sequentielle Dateien auf Platte

Die Technik des Verwaltens von Dateien ist ein Charakteristikum des entsprechenden Betriebssystems und nicht der Sprache BASIC; es kann daher nicht viel Allgemeingültiges gesagt werden. Daher nur die folgenden Hinweise, wobei als konkrete Anweisungen die Befehle des Microsoft MBASIC, das unter CP/M läuft, angegeben werden:

1. Öffnen der Datei
   (z.B. OPEN "O",#1,"A:NAME") . Unter Angabe des Namens der Datei (z.B. NAME), des Speichermediums (z.B. Laufwerk A:), des Verarbeitungszustands "Lesen" (z.B. "I" für input) oder "Schreiben" (z.B. "O" für output) und u.U. weiterer Spezifikationen (z.B. intern im Programm zu verwendende Dateinummer #1) wird eine Datei angesprochen. Das heißt, es wird vom Betriebssystem eine Verbindung vom Speichermedium zur Zentraleinheit hergestellt. In der Papierstreifenvorstellung wird der Anfang des Streifens in das Fenster geschoben.
2. Zurücksetzen der Datei
   Im Falle des "Lesens" muß es möglich sein, die Datei wieder auf den Anfang zurückzusetzen und einen weiteren Durchgang zu beginnen. Häufig muß man dies durch Schließen und Wiederöffnen realisieren.
3. Schreiben in die Datei / Lesen aus der Datei
   Es gibt Befehle zum Schreiben (z.B. PRINT#1,...) und Lesen (z.B. INPUT#1,...), die analog den Standardbefehlen in BASIC behandelt werden.

4. Ende der Datei
   (Z.B. EOF(1), engl.: end of file)
   Beim Lesen der Datei sollte das Ende der Datei vom BASIC-Programm aus als Ereignis erkennbar und verarbeitbar sein.
5. Schließen der Datei
   (Z.B. CLOSE#1). Es wird eine Ende-Markierung in der Datei angebracht und z.B. die Verbindung zum Speichermedium unterbrochen oder andere Dateiverwaltungsaufgaben vom Betriebssystem durchgeführt. Setzt das Betriebssystem keine von BASIC aus abfragbare Ende-Markierung, ist es empfehlenswert, ein Ende-Element der Datei selbst zu definieren.

Beispiel 2.19 Auswertung einer Umfrage
Als größeres Beispiel zur Dateiverarbeitung soll die Auswertung einer Umfrage in einem gewissen Sachzusammenhang durchgesprochen werden.

Aufgabenstellung

Ein Meinungsforschungsinstitut führt eine Untersuchung über die Fernsehgewohnheiten von Erwachsenen durch. Der (fiktive) Fragebogen - hier nur als Ausschnitt - beginnt mit Angaben zur Person (Fragen 1-3), den sogenannten Sozialdaten. Ab Frage 4 folgt der eigentliche Hauptteil, in dem Einstellungen, Meinungen und Fakten zum Problem und seinem Umfeld erfragt werden.

Fragebogen

Umfrage über die Fernsehgewohnheiten von Erwachsenen

Kreuzen Sie Zutreffendes bitte in der Zahlenleiste am rechten Blattrand an.

1	Geschlecht	männlich	1
		weiblich	2
2	Alter	20 - 30 Jahre	1
		31 - 40	2
		41 - 50	3
		51 - 65	4
		über 65	5
3	Schulabschluß	Hauptschule	1
		Mittl. Reife	2
		Abitur	3

4	Wieviel Stunden verbringen Sie täglich im Durchschnitt vor dem Bildschirm?	bis zu 1 Std. 1 - 2 Std. mehr als 2 Std.	1 2 3
5	Wie beurteilen Sie selbst Ihren Fernsehkonsum?	zu hoch gerade richtig zu gering	1 2 3
6	Welchen Sendungstyp schalten Sie überwiegend ein?	Politik Sport Unterhaltung Schauspiel, Kinofilme	1 2 3 4

Eine Vielzahl von Aussagen und Auskünften wird natürlich erst vergleichbar und verrechenbar, wenn sie in quantifizierter Form vorliegt. Erst dann ist eine Durchschnittbildung sinnvoll oder kann von mehrheitlichem Verhalten gesprochen werden. In der Praxis hat es nun wenig Sinn, das ganze Kontinuum einer Meßgröße zuzulassen. Es ist sicher für die Qualität einer Aussage ohne Belang, ob der Proband 33,4 Jahre oder 33,7 Jahre alt ist. Ohnehin ist der Untersucher meist am Verhalten einer Gruppe interessiert, zumindest wird er versuchen, ein Individuum einer Gruppe zuzuordnen. Diesen Vorgang bezeichnen wir als Klassenbildung einer Meßgröße, d.h. bestimmte Intervalle der Meßgröße werden zu Klassen zusammengefaßt.

Unter Umständen ist bereits mit der Art und Weise der Klassenbildung eine Vorentscheidung über Erfolg oder Mißerfolg einer Umfrage gefallen, indem Gruppierungen in dieselbe Merkmalsklasse fallen und damit statistisch verschwinden.

Um zu geeignetem Testmaterial zu kommen, nehmen wir an, unser Fragebogen sei als Pilotstudie einer Gruppe von 20 Personen vorgelegt worden. (Die Pilotstudie hat die Funktion eines Probelaufs und zielt auf die Güte des Fragebogens). Natürlich ist eine solche Stichprobe nicht repräsentativ.

Codierte Liste

	1	2	3	4	5	6
01	1	1	1	3	2	2
02	2	1	3	1	2	1
03	2	2	2	2	1	4
04	1	2	1	3	2	2
05	2	5	1	3	1	3
06	1	4	1	2	1	2
07	1	3	1	1	2	4
08	1	2	2	2	2	1
09	2	1	3	1	2	1
10	1	3	2	1	1	4
11	2	4	1	3	2	3
12	2	4	2	2	2	3
13	1	2	2	2	1	2
14	2	5	3	3	1	1
15	2	5	1	3	2	4
16	2	3	2	1	3	2
17	1	4	2	1	2	1
18	1	1	2	2	1	3
19	1	2	3	2	1	4
20	2	1	3	1	2	3

Codierung

Unter Codierung verstehen wir die eingabegerechte Aufbereitung (Zusammenfassung) der Umfrageergebnisse in Form einer Liste. Ein wesentlicher Teil dieser Aufgabe wurde schon bei der Klassenbildung geleistet.
Unabhängig von den zur Anwendung gelangenden Auswerteverfahren hat sich für alle quantitativen Auswertungen folgende Codierungsform bewährt:

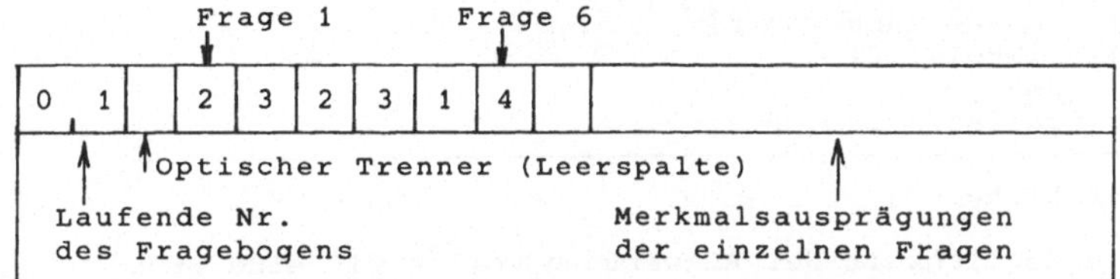

Bezogen auf unseren konkreten Fall besagt die Codierung: Fragebogen 01 stammt von einer weiblichen Person (2) der Altersgruppe 41 - 50 Jahre (3) mit Mittlerer Reife (2) usw.

Schreiben der Daten in eine Datei

Die Daten sollen Zeile um Zeile, d.h. je Fragebogen eine Zeile, eingegeben und fortlaufend in eine Datei geschrieben werden. Ein Programm dafür, das jedoch keinerlei Hilfestellungen für die langwierige und ermüdende Tätigkeit der Eingabe von codierten Werten bietet, ist das folgende:

```
REM<<<SCHREIBEN DER DATEI>>>
PRINT "SCHLIESSEN SIE DIE EINGABE MIT 'EOF' AB"
Öffnen der Datei UMFRAGE zum Schreiben als #1
REM---EINGABE-SCHLEIFE
INPUT Z$
solange Z$<>"EOF" führe
  PRINT#1,Z$
  INPUT Z$
aus
Schließen der Datei UMFRAGE
END
```

Als Hilfestellung könnte man Plausibilitätsprüfungen an der Eingabezeile vornehmen, z.B. die Anzahl der Zeichen prüfen, das Einhalten der Grenzen für die Merkmalsausprägungen feststellen usw.
Mit PRINT# haben wir die Ausgabe in die geöffnete Datei bezeichnet. Das EOF-Signal haben wir ausdrücklich als Zeichenkette an das Ende

gesetzt. Es gibt Systeme, wo dies standardmäßig realisiert ist.

Lesen der Daten aus einer Datei

Beim Lesen der Daten werden diese Zeile um Zeile aufgerufen und verarbeitet bis "EOF" das Ende der Datei anzeigt.

```
REM---LESEN DER DATEI
Öffnen der Datei UMFRAGE zum Lesen als Datei#1
INPUT#1,Z$
solange Z$≠"EOF" führe
  Auswertung von Z$
  INPUT#1,Z$
aus
Schließen der Datei
```

Grundauszählung

Als erste Möglichkeit der Auswertung wollen wir eine Grundauszählung durchführen, d.h. jedes Ankreuzen einer Merkmalsausprägung wird für jede Variable gezählt.
Die Ausgabe soll etwa für Variable 2 folgendermaßen aussehen:

VARIABLE 2

MERKMAL	ABSOLUT	PROZENTUAL
1	5	25
2	5	25
3	3	15
4	4	20
5	3	15

Der Index für die Variablen heiße J, er laufe von 1 bis V, der Index für die Merkmalsausprägungen von J heiße I, er laufe von 1 bis M(J). V und M(J) müssen für jede Umfrage neu festgelegt werden. Dazu kann eine DATA-Anweisung mit Vorteil verwendet werden.

```
REM---FESTLEGUNG DER DIMENSIONEN
DATA 6
DATA 2,5,3,3,3,4
REM---VEREINBARUNGEN
REM   J...VARIABLENINDEX, 1...V
REM   I...MERKMALINDEX, 1...M(J)
DIM M(6)
REM---EINLESEN
READ V
FOR J=1 TO V
  READ M(J)
NEXT J
```

Bei der Grundauszählung wird das Auftreten jedes Merkmals für jede

Variable gezählt, wir haben also eine Matrix S(I,J) vorzusehen.

```
REM---INITIALISIERUNG DER ZÄHLMATRIX
REM   S(I,J) ZÄHLMATRIX
DIM S(5,6)
FOR J=1 TO V
  FOR I=1 TO M(J)
    S(I,J)=0
  NEXT I
NEXT J
```

Beim Lesen der Datei wird nun für jede Zeile Z$ die Auswertung für die Grundauszählung vorgenommen, wobei für jede Variable J das entsprechende Merkmal I aus der Zeile Z$ als Zeichen herausgelöst und mit der Funktion VAL(...) in den zugehörigen Zahlenwert verwandelt wird.

```
REM---AUSWERTUNG VON Z$
FOR J=1 TO V
  X=VAL(MID$(Z$,3+J,1))
  IF X>M(J) THEN STOP
  S(X,J)=S(X,J)+1
NEXT J
```

Ist die Datenzeile fehlerhaft, so bricht das Programm ab.
Zum Schluß des Programms wird die Grundauszählung ausgegeben, wobei noch die Anzahl V0 der Ankreuzungen für eine Variable zu ermitteln ist.

```
REM---AUSGABE
FOR J=1 TO V
  V0=0
  FOR I=1 TO M(J)
    V0=V0+S(I,J)
  NEXT I
  PRINT "VARIABLE ";J
  PRINT "MERKMAL","ABSOLUT","PROZENTUAL"
  FOR I=1 TO M(J)
    PRINT I,S(I,J),S(I,J)*100/V0
  NEXT I
NEXT J
```

Fügen Sie das Gesamtprogramm zusammen; es hat folgenden Aufbau:

```
REM<<<GRUNDAUSZÄHLUNG>>>
Festlegung der Dimensionen
Initialisierung der Zählmatrix
Lesen der Datei
Ausgabe
END
```

Das Programm ist so angelegt, daß die Datei einmal durchgegangen wird; sie kann im Prinzip beliebig groß sein, der Arbeitsspeicher wird durch die Größe der Datei nicht belastet. Der Dateigröße werden nur von den externen Speichermedien (Band, Platte) Grenzen gesetzt.

Mittelwert und Streuung

Die für eine sequentielle Verarbeitung geeigneten Formeln sind

$$\bar{x} = (\Sigma x_k)/n$$

$$s^2 = (\Sigma x_k^2 - \bar{x}^2/n)/(n-1)$$

(Summation k=1, ..., n).

Mittelwert und Streuung sollen für jede Variable J bestimmt werden. Es muß also für jedes J die Summe der Werte Σx_k und die Summe der Quadrate Σx_k^2 laufend berechnet werden:

```
REM---INITIALISIERUNG DER SUMMEN
REM   S1(J) SUMME
REM   S2(J) QUADRATSUMME
REM   N ANZAHL
DIM S1(6), S2(6)
FOR J=1 TO V
  S1(J)=0
  S2(J)=0
NEXT J
N=0
```

Jede Zeile Z$ wird ausgewertet:

```
REM---AUSWERTUNG VON Z$
FOR J=1 TO V
  X=VAL(MID$(Z$,3+J,1))
  IF X>M(J) THEN STOP
  N=N+1
  S1(J)=S1(J)+X
  S2(J)=S2(J)+X*X
NEXT J
```

Zum Schluß wird Mittelwert und Streuung ausgegeben.

```
REM---AUSGABE
FOR J=1 TO V
  PRINT "VARIABLE ";J
  PRINT "MITTELWERT ";S1(J)/N
  PRINT "STREUUNG ";(S2(J)-S1(J)*S1(J)/(N↑3))/(N-1)
NEXT J
```

Die aufgeführten Programmteile können in das Gesamtprogramm der Grundauszählung eingebaut werden, indem die dort aufgeführten Teile ersetzt werden. Man kann jedoch auch die einzelnen Anweisungen in die entsprechenden Schleifen integrieren und damit ein Programm erhalten, das in einem Durchgang durch die Datei die Grundauszählung mit Mittelwert und Streuung ermittelt.

Korrelation

Eine Korrelation ist ein Maß für den (kausalen) Zusammenhang zweier Variablen. Ihr Wertebereich reicht von -1 bis +1; dabei bedeuten

+1 streng funktionaler gleichsinniger Zusammenhang

0 kein Zusammenhang

-1 streng funktionaler gegensinniger Zusammenhang.

Es sei z.B. der Korrelationskoeffizient r zwischen Frage 3 und 4 unserer Umfrage betrachtet:

r= +1 Für alle Probanden gilt: Je niedriger die Schulabschlußqualifikation, desto geringer ist die vor dem Bildschirm verbrachte Zeit. Und: Je höher die Schulabschlußqualifikation, desto mehr Zeit wird vor dem Bildschirm zugebracht.

r= +0.8 Die oben gemachten Aussagen gelten überwiegend. Ausnahmen im Verhalten existieren.

r= 0 Kein Zusammenhang zwischen den Variablen. In anderer Formulierung: Aus der Kenntnis der Sozialvariablen 'Schulbildung' läßt sich nicht auf das Fernsehverhalten der Gruppe schließen.

r= -1 Die Schulabschlußqualifikation bestimmt das Fernsehverhalten ohne Ausnahme: Je höherwertig der Schulabschluß, desto weniger Zeit wird dem Bildschirm geopfert. Natürlich gilt auch die Umkehrung dieser Aussage!

Zur sequentiellen Berechnung des Korrelationskoeffizienten (Produkt-Moment-Korrelation) eignet sich die Formel:

$$r = \frac{\Sigma x_i \cdot y_i - \frac{\Sigma x_i \Sigma y_i}{n}}{\sqrt{\left(\Sigma x_i^2 - \frac{(\Sigma x_i)^2}{n}\right)\left(\Sigma y_i^2 - \frac{(\Sigma y_i)^2}{n}\right)}}$$

Für die Korrelation wollen wir ein Programm entwickeln, das es erlaubt, interaktiv durch Eingabe zweier Variablen die Korrelation zwischen diesen beiden Variablen zu berechnen. Dazu muß die Datei jedes Mal wieder auf den Anfang zurückgesetzt werden.

```
REM<<<KORRELATION>>>
Festlegung der Dimensionen
Initialisierung der Summen
REM---SCHLEIFEN FÜR KORRELATIONEN
PRINT "ZWEI VARIABLEN";
INPUT J1,J2
Öffnen der Datei UMFRAGE zum Lesen
solange J1 ≠ 0 AND J2 ≠ 0 führe
  Lesen der Datei
  Ausgabe
  Zurücksetzen der Datei UMFRAGE
  INPUT J1,J2
aus
Schließen der Datei UMFRAGE
END
```

Passen Sie die bisher entwickelten Programmteile für dieses Gesamtprogramm an. Erweitern Sie insbesondere die "Initialisierung der Summen" und die "Ausgabe".

Spezifizierte Auszählungen

Grundauszählungen, die Berechnung von Mittelwert, Streuung und Korrelationen müssen nicht immer für alle Fragebogen durchgeführt werden. Interessiert das Verhalten einer Teilpopulation oder Teilstichprobe, so wird ein Fragebogen nur dann in die Auszählung einbezogen, wenn eine (oder mehrere) Variablen festgelegte Merkmalsausprägungen erfüllen.
Beispiel: Auszählung getrennt nach Geschlecht oder Schulabschlußqualifikation. Dieses Verfahren hat seine Bedeutung, wo man gruppenspezifische Verhaltensweisen aufspüren und analysieren will.
Was muß man an den Programmteilen ändern, damit die gesamte Auswertung nur für männliche Probanden durchgeführt wird (ohne daß die Datei verändert worden wäre)?

3. FUNKTIONEN, UNTERPROGRAMME

Funktionen, Unterprogramme oder Prozeduren sind in der Sprache BASIC nur rudimentär vorhanden. Das ist wohl das einschneidenste Defizit, das BASIC im Vergleich zu anderen höheren Sprachen hat. Der Grund liegt darin, daß zugunsten einer leichten und sparsamen Implementation eines BASIC-Systems - ein Vorteil vor allem auf kleinen Rechnern - dieser Bereich als entbehrlich angesehen wurde. Beim Definieren der Sprache und dem Entwickeln des Systems Anfang der Sechziger Jahre am Dartmouth College hat man zudem an Lernende als Benutzer gedacht, die nur kleine und damit durchschaubare Programme schreiben.
Didaktische und methodische Auffassungen über das Programmieren haben sich seitdem entscheidend verändert. Prozeduren werden heute vor allem auch bei Lernenden als Hilfsmittel für den Problemlösevorgang angesehen, sie helfen

- Teilbereiche des Programms zu definieren und auszulagern (Verfeinerungen),
- die Funktionsschreibweise als Formulierungsmittel einzusetzen und dabei als Abkürzung von Formeln (Formelfunktionen) oder ganzer Programmteile (Prozedurfunktionen) zu verwenden,
- häufig gebrauchte Routineprogramme als Bausteine abzulegen und aufzurufen (externe Prozeduren).

3.1 Formelfunktionen

Zum gängigen BASIC-Sprachumfang gibt es eine ganze Reihe von eingebauten Funktionen, die wie SIN(X), LOG(X) usw. die elementaren Funktionen betreffen, oder wie INT(X) oder LEN(X$) auf andere Datentypen bezogen sind. Darüberhinaus ist es möglich, Funktionen zu definieren und diese wie eingebaute Funktionen aufzurufen. Wir haben dies bereits ausgenützt. Man kann also Teilaspekte von Programmen, die den eigentlichen Problemlösevorgang nicht betreffen, in Form von Funktionen fassen und damit das Programmieren selbst entlasten.
Leider sind in BASIC der Funktionsdefinition häufig sehr enge Grenzen gesetzt:

- Es sind in der Regel keine mnemotechnischen Namen möglich, sondern nur die Bezeichnungen
  FNA(X), FNB(X), ..., FNZ(X)
- Es ist häufig nur eine Variable zulässig. Funktionen mit 2 Veränderlichen wie FNA(X,Y) werden aber viel gebraucht.
- Es sind häufig keine Funktionen, die Zeichenketten als Werte zulassen, möglich.
- In der Regel kann man nur Funktionen definieren, die durch eine einzige Zuweisungszeile festgelegt sind (Formelfunktionen). Es gibt jedoch viele Beispiele, die Prozedurfunktionen erfordern.

Klären Sie bei der von Ihnen benutzten BASIC-Version, welche Möglichkeiten vorliegen und welche nicht. In den folgenden Abschnitten geben wir Beispiele zu diesen verschiedenen Gesichtspunkten.
Bei allen Programmen, die sich auf reelle Funktionen beziehen, wie z.B. Ausgabe von Wertetafeln, Grafisches Darstellen, Suchen und Verbessern von Nullstellen, numerisches Differenzieren und Interieren usw., wird man das Programm allgemein für eine Funktion FNA(X) schreiben und in einer der ersten Zeilen die konkrete Funktion nachträglich definieren. Als ein Beispiel, das für ganze Zahlen Funktionen ausnutzt, um komplexe Sachverhalte darzustellen, sei die Kalenderrechnung gewählt. Die hier angeführten Funktionen sollen ermutigen, die Ganzzahlrechnung für gewisse logische oder zyklische Probleme in Betracht zu ziehen.
Auch wenn manche der Funktionen als getrickst erscheinen mögen, so ist ihre Darstellung doch recht genau am dargestellten Sachverhalt orientiert. Vor allem aber wird das Hauptprogramm vom Mechanismus des Gregorianischen Kalenders entlastet und so auf das Wesentliche ausgerichtet.

Beispiel 3.1 Kalenderrechnung
Ein Programm soll auf Eingabe der Jahreszahl den Kalender eines Jahres ausgeben.

Durchführung

Ein Rahmenprogramm zur Ausgabe des Kalenders kann man sehr einfach schreiben, wenn man zwei Funktionen benutzt, in denen der Gregorianische Kalendermechanismus erfaßt ist:

anf(J) : Wochentag des 1. Januars eines Jahres J (0= Mo, 1= Di, ..., 6= So)

tm(M,J): Die Tage, die ein Monat M im Jahre J hat (Februar hat im Schaltjahr 29 Tage)

Ohne Festlegungen des Layout ergibt sich für das Rahmenprogramm:

```
REM<<<KALENDER>>>
REM---VARIABLEN
REM   J: JAHRESZAHL
REM   M: MONAT (1=JAN,...,12=DEZ)
REM   W: WOCHENTAG (Ø=MO,....,6=SO)
REM   D: TAG IM MONAT
REM---FUNKTIONEN
...
REM---HAUPTPROGRAMM
INPUT J
W=anf(J)
FOR M=1 TO 12
  PRINT "MONAT";M
  FOR D=1 TO tm(M,J)
    PRINT D,W
    W=(W+1)mod7
  NEXT D
NEXT M
END
```

Wochentag des 1. Januars eines Jahres

Der 1. Januar des Jahres 0 (fiktiv als gregorianisches Datum betrachtet) habe einen bestimmten Wochentag W_O, den wir später ermitteln. Jedes Jahr rückt der Wochentag um 1 vor, da 365 Tage ja gerade 52 Wochen und 1 Tag ausmachen. Nach J Jahren ist der Wochentag W_O um J Jahre vorgerückt:

$$W_O + J$$

Alle 4 Jahre - im Schaltjahr - wird ein weiterer Tag eingefügt, dessen Auswirkung aber erst im darauffolgenden Jahr zu spüren ist: Das Schaltjahr 1984 verschiebt z.B. den ersten Wochentag des Jahres 1985 um einen Tag (366 mod 7 = 2):

$$W_O + J + (J-1)\text{div}4$$

Dieser Verschiebe-Mechanismus gilt auch für die weiteren Korrekturen, die den Gregorianischen Kalender ausmachen.
Alle 100 Jahre fällt das Schaltjahr aus:

$$W_O + J + (J-1)\text{div}4 - (J-1)\text{div}100$$

und alle 400 Jahre gibt es eine Ausnahme vom Jahrhundertausfall

$$W_O + J + (J-1)\text{div}4 - (J-1)\text{div}100 + (J-1)\text{div}400.$$

Damit ist

$$anf(J) = (W_0 + J + (J-1)div4 - (J-1)div100 + (J-1)div400) \bmod 7.$$

Zur Ermittlung von W_o setzen wir den 1.1.1980 ein, der ein Dienstag (anf(1980)=1) war:

$$1 = (W_o + 1980 + 1979\ div4 - 1979div100 + 1979div400) \bmod 7$$

$$1 = (W_o + 2459) \bmod 7$$

$$1 = (W_o + 2) \bmod 7$$

Damit ist $W_o = 6$. Für spätere Überlegungen benötigen wir noch den Schaltjahranteil als Funktion

schalt(J) = (J div4 - J div100 + J div400)

Mit dieser Funktion wird schließlich

anf(J) = (6 + J + schalt(J-1)) mod 7

Tage im Gemeinjahr bis zum 1. eines Monats

M	Tage	
1	0	
		+31
2	31	
		+28
3	59	
		+31
4	90	
		+30
5	120	
		+31
6	151	
		+30
7	181	
		+31
8	212	
		+31
9	243	
		+30
10	273	
		+31
11	304	
		+30
12	334	
		+31
13	365	

Wir betrachten der Einfachheit halber ein Gemeinjahr und als erstes eine Funktion, die die bis zum 1. eines Monats vergangenen Tage des Jahres angibt. Diese Funktion ist sehr schnell tabelliert, kann aber wegen der bekannten Unregelmäßigkeiten unserer Monate nicht ohne weiteres geschlossen gefaßt werden. Nimmt man eine mittlere Monatslänge von 30,55 Tagen an, dann erhält man durch INT(30.55*(M+2)) - 91 die gewünschten Zahlen, nur müssen ab 1. März 2 Tage wegen der Unregelmäßigkeit des Februar abgezogen werden.

Dies tut der Ausdruck

2*(M+10) div 13,

so daß sich

tg(M) = INT(30.55*(M+2)) - 91 - 2*(M+10)div13

für ein Gemeinjahr ergibt.

Schalttag

Für das Jahr J muß nun noch ermittelt werden, ob ein Schalttag einzuschieben ist oder nicht. Man könnte dies durch eine Kette von Abfragen tun:

```
S=0
IF   4 teilt J THEN S=S+1
IF 100 teilt J THEN S=S-1
IF 400 teilt J THEN S=S+1
```

Wir wollen hier jedoch dieses Ereignis auch durch Ganzzahlfunktionen darstellen. Betrachten wir die Funktion schalt(J) der Anzahl der Schalttage seit dem Jahr 0, so ist offenbar der Ausdruck

schalt(J) - schalt(J-1)

1 im Schaltjahr und 0 im Gemeinjahr.

Tage im beliebigen Jahr bis zum 1. eines Monats

Der Schalttag (schalt(J) - schalt(J-1)) wirkt sich erst für M≥3, also ab März aus. Die Funktion

(M + 11)div14

liefert für M = 1, 2 den Wert 0 und für 3, 4, ..., 13 den Wert 1. Damit ergibt sich mit Schaltjahrsanteil

ts(M,J) = tg(M) + ((M+11)div14)*(schalt(J) - schalt(J-1))

Anzahl der Tage im Monat

Die Anzahl der Tage in einem Monat ergibt sich danach als

tm(M,J) = ts(M+1,J) - ts(M,J).

Wenn man die ermittelten Ausdrücke für die Funktionen ts und tg einsetzt, ergeben sich zwar Vereinfachungen, jedoch verliert die Formel ihre Durchsichtigkeit.

Mit der Definition dieser Funktionen ist das Kalenderproblem im Prinzip gelöst. Was noch fehlt, ist die konkrete Realisierung dieser Funktionen im Programm bei den Beschränkungen, die in BASIC-Versionen vorliegen.

Gibt es in einer Version keine Funktionsdefinition mit 2 Variablen, so kann man J als globale Variable führen. Es degenerieren dann die Funktionen anf(J) und schalt(J) zu bloßen Variablen A und S, ts(M,J) zu ts(M), tm(M,J) zu tm(M). Führt man zusätzlich noch "div" auf die INT-Funktion zurück, so ergibt sich:

```
REM---FUNKTIONEN
DEF FNT(M)=INT(30.55*(M+2))-91
          -2*INT((M+10)/13)
          +S*INT((M+11)/14)
DEF FNM(M)=FNT(M+1)-FNT(M)
DEF FNS(J)=INT(J/4)-INT(J/100)+INT(J/400)
REM---HAUPTPROGRAMM
INPUT J
W=(6+J+FNS(J-1)) mod7
S=FNS(J)-FNS(J-1)
usw.
```

Die Aufstellung solcher Funktionen lohnt sich erst, wenn noch weitere Aufgaben damit gelöst werden sollen. So ist es mit den hier entwickelten Funktionen leicht möglich, ein Programm zu schreiben, das zu gegebenem Tag T, Monat M und Jahr J den Tag im Jahr und den Wochentag ermittelt. (Weitere Kalenderrechnungen findet man in Zemanek, 1981).

3.2 Verfeinerungen

Wir haben in zurückliegenden Beispielen schon öfter Programme dadurch entwickelt, daß wir Teile davon in einem ersten Schritt zwar verbal formuliert, jedoch noch nicht vollständig ausgeführt haben. Dies war einem weiteren Schritt vorbehalten. Diese Methode der schrittweisen Verfeinerung ist eine der möglichen systematischen Vorgehensweisen beim Programmieren. Bei zurückliegenden relativ kurzen Programmen haben wir diese Programmteile schließlich in das Rahmenprogramm eingefügt.
Es ist jedoch bei größeren Programmen nicht wünschenswert dies zu tun, da leicht - auch bei guter Kommentierung - ein zu großes und unübersichtliches Programm entsteht. Es ist in der Regel angemessener, den Entstehungsprozeß auch im fertigen Produkt zu dokumentieren, indem man die Verfeinerungen aus dem Rahmenprogramm ausgelagert festhält.
Wir erläutern dieses Verfahren am Beispiel eines Programms, das die Grundrechenarten für Brüche durchführen soll.

Beispiel 3.2 Bruchrechnen
Ein Programm soll eine Zeichenkette akzeptieren und verarbeiten, die aus zwei Brüchen und einem eingeschobenen Operationszeichen

besteht, wobei jeder Bruch aus zwei ganzen Zahlen aufgebaut ist, die durch "/" als Bruchstrich getrennt sind.

Durchführung

Die endgültige Lösung der Aufgabe wird erst über eine ganze Stufe von Programmteilen in 3.4 erfolgen und führt zu einem recht großen Programm, das jedoch durchschaubar bleiben soll. Wir empfehlen, diesen Prozeß der Programmentwicklung an diesem sachlich nicht sehr schwierigen Problem durchzuführen und die dabei angewandte Arbeitsform zu studieren.
Ein Rahmenprogramm ist rasch entworfen:

```
100  REM<<<BRUCHRECHNEN>>>
110  REM---VEREINBARUNGEN
120  REM   Z(..) : ZÄHLER
130  REM   N(..) : NENNER
140  DIM Z(2),N(2)
150  REM    C : CODE FÜR OPERATION
500  REM---DIALOGRAHMEN
510  Eingabe
520  solange C≠0 führe
530    falls C gleich
         1: Addition
         2: Subtraktion
         3: Multiplikation
         4: Division
       falls-Ende
540    REM---AUSGABE
550    PRINT Z(0);"/";N(0)
560    Eingabe
570  aus
580  END
```

Eingabe
Es wäre wünschenswert, daß der Programmbenutzer z.B. eine Zeichenkette

3/4 * 7/11

eingeben kann und dann das Ergebnis ausgegeben erhält. Dies erfordert jedoch eine Analyse der Zeichenkette, die wir erst in 3.4 erläutern wollen. Wir fragen daher der Einfachheit halber alle notwendigen Angaben einzeln ab.

```
REM---EINGABE
FOR I=1 TO 2
PRINT I;".BRUCH : ZÄHLER = ";
INPUT Z(I)
PRINT I;".BRUCH : NENNER = ";
INPUT N(I)
NEXT I
PRINT "OPERATION (+ 1, - 2, * 3, : 4, ENDE 5)
INPUT C
```

Addition

Beim Addieren von Brüchen muß man den Hauptnenner, d.h. das kleinste gemeinsame Vielfache (kgV) von N_1 und N_2 bestimmen.

```
REM---ADDITION
N(0)=kgV(N(1),N(2))
Z(0)=Z(1)*N(0)/N(1)+Z(2)*N(0)/N(2)
Kürzen
```

Multiplikation

```
REM---MULTIPLIKATION
Z(0)=Z(1)*Z(2)
N(0)=N(1)*N(2)
Kürzen
```

Subtraktion und Division bleiben dem Leser überlassen. Beim Programmieren von Addition und Multiplikation war es zweckmäßig, zwei weitere Verfeinerungen (2.Stufe) festzulegen und die genaue Ausführung zurückzustellen.

Kürzen

Kürzen bedeutet, mit dem größten gemeinsamen Teiler (ggT) Zähler und Nenner zu dividieren.

```
REM---KÜRZEN
K=ggT(Z(0),N(0))
Z(0)=Z(0)/K
N(0)=N(0)/K
```

ggT und zuvor schon kgV werden als Funktionen verwendet, ihre genaue Ausführung würde jetzt den Gedankengang stören und wird daher zurückgestellt (vgl. 3.4).
Wir fügen die bisher ausgeführten Programmteile zusammen, wobei
- die Verfeinerungen dem Hauptteil des Programms folgen, mit RETURN

enden und

- die zugehörigen Zeilennummern sich im Großen von denen des Hauptteils unterscheiden.
- Das "END" des Hauptprogramms ist durch ein "STOP" zu ersetzen; das statische Ende des Gesamtprogramms wird durch "END" markiert.

```
 580  STOP

1000  REM---VERFEINERUNGEN

2000  REM---EINGABE
2010  FOR I= 1 TO 2
2020    PRINT I;".BRUCH : ZÄHLER = ";
2030    INPUT Z(I)
2040    PRINT I;".BRUCH : NENNER = ";
2050    INPUT N(I)
2060  NEXT I
2070  PRINT "OPERATION (+ 1, - 2, * 3, : 4, ENDE 0)";
2080  INPUT C
2090  RETURN: REM---EINGABE-ENDE

3000  REM---ADDITION
3010  N(0)=kgV(N(1),N(2))
3020  Z(0)=Z(1)*N(0)/N(1)+Z(2)*N(0)/N(2)
3030  Kürzen
3040  RETURN: REM---ADDITION-ENDE

3500  REM---SUBTRAKTION
3510  STOP

4000  REM---MULTIPLIKATION
4010  Z(0)=Z(1)*Z(2)
4020  N(0)=N(1)*N(2)
4030  Kürzen
4040  RETURN: REM---MULTIPLIKATION-ENDE

4500  REM---DIVISION
4510  STOP

5000  REM---KÜRZEN
5010  K=ggT(Z(0),N(0))
5020  Z(0)=Z(0)/K
5030  N(0)=N(0)/K
5040  RETURN: REM---KÜRZEN-ENDE

9000  END
```

Beim Übergang zur BASIC-Sprung-Struktur orientieren wir uns an folgende Regeln:

1. Das Zitat der Verfeinerung wird durch

   GOSUB ... : REM Name der Verfeinerung

ersetzt, wobei die Anfangszeile der Verfeinerung einzusetzen ist.

2. Eine Fallunterscheidung wird je nach den Spracheigenschaften der BASIC-Sprache als

   ON ..... GOSUB ..... : REM .....

   oder durch eine Kette von

   IF ..... THEN GOSUB ... : REM ...

   realisiert.

Es ergibt sich im Beispiel, wenn die für die Struktur unwesentlichen Zeilen weggelassen werden:

```
100   REM<<<BRUCHRECHNEN>>>

500   REM---DIALOGRAHMEN
510   GOSUB 2000: REM EINGABE
520   IF NOT(C≠0) GOTO 580: REM-SOLANGE-ANFANG
530   ON C GOSUB 3000,3500,4000,4500: REM +-*:
...
560   GOSUB 2000: REM EINGABE
570   GOTO 520: REM-SOLANGE-ENDE
580   STOP

1000  REM---VERFEINERUNGEN

2000  REM---EINGABE
      ...
2090  RETURN: REM EINGABE-ENDE

3000  REM---ADDITION
      ...
3030  GOSUB 5000: REM KÜRZEN
3040  RETURN: REM ADDITION-ENDE

4000  REM---MULTIPLIKATION
      ...
4030  GOSUB 5000: REM KÜRZEN
4040  RETURN: REM MULTIPLIKATION-ENDE

5000  REM---KÜRZEN
      ...
5040  RETURN: REM KÜRZEN-ENDE

9000  END
```

3.3 Prozeduren

Wir beginnen mit einem Beispiel, das das Motiv für die Begriffsbildung "Prozedur" erläutern soll.

Beispiel 3.3 Befreundete Zahlen

Man bestimme die befreundeten Zahlen bis 5000.

Problemanalyse

Zwei Zahlen heißen befreundet, wenn jede Zahl die Summe der eigentlichen Teiler der anderen Zahl ist, wobei eigentliche Teiler die Teiler sind, die nicht gleich der Zahl selbst sind.
Es hat z.B.

284 die eigentlichen Teiler 1, 2, 4, 71, 142
und es ist 1+2+4+71+142 = 220

220 hat die eigentlichen Teiler
1,2,4,5,10,11,20,22,44,55,110
und es ist
1+2+4+5+10+11+20+22+44+55+110 = 284

Damit sind 284 und 220 ein Paar befreundete Zahlen. Eine Zahl heißt vollständig, wenn sie mit sich selbst befreundet ist:

6 hat die Teiler 1,2,3 und es ist 1+2+3 = 6

Das Vorgehen bei der Suche nach befreundeten Zahlen ist ziemlich offensichtlich:
Für alle Zahlen A von 2 bis 5000 bestimmt man
- die Summe B der eigentlichen Teiler,
- danach die Summe C der eigentlichen Teiler von B,
- danach prüft man, ob A = C sich ergeben hat.

```
REM<<<BEFREUNDETE ZAHLEN>>>
FOR A=2 TO 5000
  Summe B der eigentlichen Teiler von A
  Summe C der eigentlichen Teiler von B
  IF A=C THEN PRINT A,B
NEXT A
END
```

Die Schwierigkeit beim Weiterarbeiten mit der verbalen Beschreibung ist, daß offenbar zwei Mal genau dasselbe zu tun ist, jedoch mit verschieden bezeichneten Zahlen und das Ergebnis auch wieder verschieden zu bezeichnen ist. Man kann also nicht einfach eine Verfeinerung formulieren und jeweils ansprechen, da ja verschiedene Variablenbezeichnungen vorliegen.
Was wir hier brauchen ist eine echte Prozedur, die mit "neutralen" Variablen formuliert ist. In das Teilerprogramm aus 2.1 wird dazu lediglich die Summation eingebaut:

Prozedur ST(Y,X)

```
REM---ST(Y,X), SUMME DER EIG. TEILER VON X
REM   AUSGABEVARIABLE : Y
REM   EINGABEVARIABLE : X
REM   LOKALE VARIABLE : T
Y=1
T=2
solange T*T<X führe
  IF T teilt X THEN Y=Y+T+X/T
  T=T+1
aus
IF T*T=X THEN Y=Y+T
RETURN: REM ST(Y,X)-ENDE
```

Hierbei ist X Eingabeparameter und Y Ausgabeparameter der Prozedur, die man sich aus Sicht des Hauptprogramms als schwarzen Kasten vorstellen kann. T ist eine lokale Variable der Prozedur, die nur intern, jedoch nicht im Hauptprogramm Bedeutung hat: sie ist "unsichtbar".

Die Wertübergabe

- vom Hauptprogramm an die Prozedur und
- von der Prozedur an das Hauptprogramm sowie
- das "Verstecken" der lokalen Variablen

wird in anderen höheren Sprachen vom Übersetzungsprogramm geleistet. Beim Übersetzungsvorgang in BASIC müssen wir es selbst tun.

Dabei sind folgende Regeln zu beachten:

1. Man prüfe, ob es bei lokalen Variablen Doppelbezeichnungen zu Variablen des Hauptprogramms gibt. Wenn ja, erhalten die lokalen Variablen der Prozedur z.B. eine Ziffer zur Unterscheidung nachgestellt.
2. Beim Aufruf der Prozedur erhalten die Eingabevariablen vor dem GOSUB eine Zuweisung.
3. Beim Aufruf der Prozedur werden die Ausgabevariablen nach dem GOSUB zugewiesen.

Damit ergibt sich am Beispiel

```
10  REM<<<BEFREUNDETE ZAHLEN>>>
20  FOR A=2 TO 5000
30    REM---ST(B,A)
31    X=A
32    GOSUB 1000
33    B=Y
40    REM---ST(C,B)
41    X=B
42    GOSUB 1000
```

```
43     C=Y
50     IF A=C THEN PRINT A,B
60   NEXT A
70   STOP

1000 REM---ST(Y,X)
1001 REM   SUMME Y DER EIG. TEILER VON X
1010 REM   AUSGABEVARIABLE : Y
1020 REM   EINGABEVARIABLE : X
1030 REM   LOKALE VARIABLE : T
1040 Y=1
1050 T=2
1060 IF NOT(T*T<X) GOTO 1100
1070   IF X/T=INT(X/T) THEN Y=Y+T+X/T
1080   T=T+1
1090 GOTO 1060
1100 IF T*T=X THEN Y=Y+T
1110 RETURN: REM ST(Y,X)-ENDE
9000 END
```

3.4 Prozedurfunktionen

Formelfunktionen sind nur für relativ wenige Probleme die adäquate Beschreibung einer Funktion. Wir haben in Beispiel 3.1 viel Mühe darauf verwendet, auch Entscheidungen in Formelfunktionen zu fassen.
Man kommt dabei aber sehr schnell an die Grenze des Machbaren oder - was noch schlimmer ist - das entstehende Produkt wird zu sehr verklausuliert, der Inhalt ist zu stark codiert und nicht mehr lesbar und nachprüfbar.

Beispiel 3.4 Für Beispiel 3.2 des Bruchrechensystems sind noch ggT(X,Y) und kgV(X,Y) als Prozedurfunktionen zu programmieren.

Durchführung

Ein gutes Verfahren zur Berechnung des ggT ist der euklidische Algorithmus, auf den wir in Beispiel 5.1 noch näher eingehen (vgl. auch Padberg 1972, S.33). Der Algorithmus wird als Prozedurfunktion gefaßt; Eingabe- und Ausgabevariablen sind am Kopfkommentar erkennbar. Es muß also nicht noch zusätzlich kommentiert werden.

```
REM---FUNKTION G=GGT(A,B)
REM   LOKALE VARIABLE : H
solange A≠0 führe
   H=B mod A
   B=A
   A=H
aus
G=B
RETURN: REM GGT-ENDE
```

Als Beispiel für einen Aufruf ziehen wir die Berechnung des kgV heran. Nach der Beziehung der Zahlentheorie

ggT(A,B)*kgV(A,B) = A*B

ergibt sich

```
REM---FUNKTION K=KGV(A,B)
K=A*B/GGT(A,B)
RETURN: REM KGV-ENDE
```

Übersetzung in BASIC:
Es gibt einen Konfilikt in den Variablenbezeichnungen. Die in

ggT(A,B) verwendeten Variablen werden in der Prozedur verändert, was für kgV(A,B) falsche Werte ergeben würde. Es muß also in GGT oder KGV eine Umbenennung stattfinden. Da KGV als letztes geschrieben wurde, empfiehlt es sich, es dort zu tun. Wir verändern dadurch, daß wir überall in KGV die Ziffer 9 anhängen:

```
6000  REM---FUNKTION K9=KGV(A9,B9)
6010  K9=A9*B9/GGT(A9,B9)
6020  RETURN: REM-KGV-ENDE
```

Bei der Übersetzung dieser Prozeduren in BASIC müssen die Funktionsaufrufe in die algebraischen Formeln eingefügt werden. Wir führen dies noch für ggT und kgV durch. Das Einarbeiten dieser Prozeduren in das Bruchrechensystem des Beispiels 3.2 bleibt dem Leser überlassen:

```
6000  REM---FUNKTION K9=KGV(A9,B9)
6010  REM    K9=A9*B9/GGT(A9,B9)
6011  A=A9
6012  B=B9
6013  GOSUB 7000
6014  K9=A9*B9/G
6020  RETURN: REM-KGV-ENDE

7000  REM---FUNKTION G=GGT(A,B)
7010  REM    LOKALE VARIABLE : H
7020  IF NOT(A≠0) GOTO 7070
7030    H=B mod A
7040    B=A
7050    A=H
7060  GOTO 7020
7070  G=B
7080  RETURN: REM-GGT-ENDE
```

<u>Beispiel 3.5</u> Analyse einer Eingabe in Bruchschreibweise (Variante zu Beispiel 3.2).

Problemanalyse

Wir erwarten, daß die eingegebene Zeichenkette z.B.

11/12 * 7/13

ist, also den Aufbau

<ganze Z.> / <ganze Z.><Operationszeichen><ganze Z.> / <ganze Z.>

hat.

Es stehen folgende Aufgaben an:

- Ermittlung der Position und der Art des Operationszeichens
- Zerlegung der Zeichenkette in
  links von <Operationszeichen> und
  rechts von <Operationszeichen>
- jeweils:
  - Ermittlung der Position von "/"
  - Zerlegung der Zeichenkette in
    links von "/" und
    rechts von "/"
- Umwandlungen der durch Zerlegung entstandenen Zeichenketten in Zahlen mittels der eingebauten VAL-Funktion.

Das Problem erfordert damit folgende Zeichenkettenfunktionen:
- Eine Funktion P = pos(E$,T$), die Position einer Zeichenkette T$ in E$(Ist T$ in E$ nicht enthalten, dann sei P = 0).
- Funktionen links(E$,P) und rechts(E$,P), die den linken Teil von E$ bis (einschließlich) Position P bzw. den rechten Teil ab (einschließlich) P als Teil von E$ ausgeben.

Programmierung

Die Operationszeichen müssen zu Beginn des Programms im Programm vereinbart werden:

```
REM---OPERATIONSZEICHEN
DIM O$(4)
O$(1)="+"
O$(2)="-"
O$(3)="*"
O$(4)=":"
```

Diese Anweisungsfolge kann etwa ab Zeilennummer 200 in das Programm eingearbeitet werden.
Die Verfeinerung "Eingabe" des Bruchrechenprogramms wird ersetzt durch eine Verfeinerung, die auch die Analyse der eingegebenen Zeichenkette aufzunehmen hat:

```
REM---EINGABE
REM   E$ EINGABE
REM   B$(I) TEILE DER EINGABE
DIM B$(2)
INPUT E$
```

```
REM---OPERATIONSCODE
C=0
wiederhole
  C=C+1
  P=pos(E$,O$(C))
bis P≠0 OR C>4

REM---ZERLEGUNG VON E$
B$(1)=links(E$,P-1)
B$(2)=rechts(E$,P+1)
REM---ZERLEGUNG IN ZÄHLER UND NENNER
FOR I=1 TO 2
  P=pos(B$(I),"/")
  IF P=0 THEN STOP: REM FEHLER
  Z(I)=VAL(links(B$(I),P-1))
  N(I)=VAL(rechts(B$(I),P+1))
NEXT I
RETURN: REM-EINGABE-ENDE
```

Die Funktion pos(E$,T$) wird in Beispiel 3.6 entwickelt. Die Funktionen links(X$,P) und rechts(X$,P) wurden bereits in 2.3 auf andere Zeichenkettenfunktionen zurückgeführt.

Bemerkungen zur Fehlerbehandlung

1. Das Abfangen aller möglichen nicht vorgesehenen Eingaben E$ ist in der vorstehenden Verfeinerung nicht durchgeführt.
   Lediglich der Fall P = 0, d.h. das Fehlen von "/" wird mit STOP quittiert, damit die Stelle markiert ist, an der die gemischte Rechnung mit ganzen Zahlen angefügt werden kann.
   Führen Sie es näher aus!
2. Es sind noch folgende Falscheingaben denkbar:
   2.1 Eingabe von Dezimalzahlen
   2.2 Eingabe von Zeichen, die nicht in Zahlen vorkommen können (z.B. Buchstaben außer E).
   Weiterhin können Fehler auftreten, die während der Rechnungen vorkommen, also etwa
   - Überlauffehler (etwa bei Multiplikationen) oder
   - Division durch 0.
3. Das "Dichtmachen" eines Dialogprogramms gegenüber Fehleingaben kann also ein relativ großes Problem werden, vor allem, wenn man adäquate Meldungen dazu geben möchte. Damit die Fehlerfälle die Struktur des Algorithmus nicht zerstören, sollte man zuerst den fehlerfreien Fall bearbeiten, die Fehlersituationen jedoch

immer sofort markieren.
Ist der Hauptfall ausgetestet, werden die Fehlermeldungen systematisch eingearbeitet. Dabei sollte man in einer ersten Version mit STOP arbeiten, um ohne Zerstörung der Struktur alle Fehler ausprobieren zu können. Erst danach wird eine genaue Fehlerbehandlung vorgenommen.

4. Es hat sich gezeigt, daß gerade für Fehlersituationen der unbedingte Sprung auch in strukturierenden Sprachen äußerst nützlich und fast unvermeidlich ist.
Möchte man direkt PRINT-Zeilen anspringen, so wird man folgendermaßen vorgehen:

```
9000  REM---FEHLERMELDUNGEN
9010  PRINT "OPERATIONSZEICHEN FEHLT"
9015  GOTO Anfang
9020  PRINT "BRUCHSTRICH FEHLT"
9025  GOTO Anfang
9030  PRINT "KEINE GANZE ZAHL"
9035  GOTO Anfang
9040  PRINT "FALSCHE ZEICHENFOLGE"
9045  GOTO Anfang
9050  PRINT "ÜBERLAUF ODER DIVISION DURCH Ø"
9055  GOTO Anfang
```

Die entsprechenden STOPs sind durch GOTO .... zu ersetzen. Für die Lauffehler gibt es auf manchen Rechnern ein

IF ERROR GOTO ..... .

Die symbolische Sprungadresse "Anfang" wird durch eine Zeilennummer ersetzt.
Bei Programmen, die eine große Anzahl von Fehlermeldungen erfordern, empfiehlt es sich, Fehlernummern einzuführen.

Beispiel 3.6 Entwicklung der Zeichenkettenfunktion pos(X$,T$) (Position von T$ in X$).
Es gibt BASIC-Versionen, die eine Funktion dieser Art eingebaut haben.

Problemanalyse

Beispiel

X = "IDA UND OTTO"

T = "A und O"

Man muß schrittweise vergleichen:

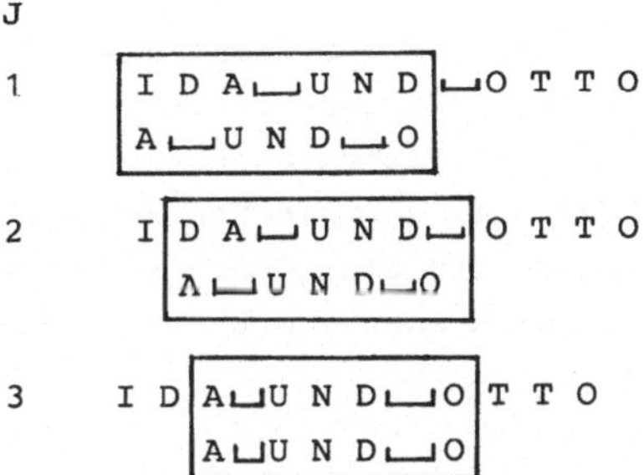

Im Falle der Übereinstimmung wird die Position J (im Beispiel: 3) festgehalten. Wenn es keine Übereinstimmung gibt, wird das Suchen nach

LEN(X$) - LEN(T$) + 1

Schritten abgebrochen.

Programmierung

```
REM---P=POS(X$,T$)
REM   LOKALE VARIABLE : J
P=0
J=1
solange P=0 AND J≤LEN(X$)-LEN(T$)+1 führe
  IF MID$(X$,J,LEN(T$))=T$ THEN P=J
  J=J+1
aus
RETURN: REM—POS(X$,T$)-ENDE
```

In der Prozedur hat P u.a. die Funktion als Merker; die solange-Schleife bricht ab, wenn T$ in X$ gefunden ist. Hier kann man mit Hilfe von RETURN auch in strukturierter Form eine solange-Schleife mit zwei Ausgängen verwenden:

```
REM---P=POS(X$,T$)
P=1
solange P≤LEN(X$)-LEN(T$)+1 führe
  IF MID$(X$,P,LEN(T$))=T$ THEN RETURN
  P=P+1
aus
P=0
RETURN
```

Verallgemeinern Sie die POS-Funktion noch so, daß POSA(A$,T$,P0) die Position von T$ in X$ angibt, wenn man von der Stelle P0 ab sucht.

4. GRÖSSERE PROGRAMMIERBEISPIELE

Während sich bisher der Aufbau des Buches an der sachlichen Folge von Sprachelementen orientierte, sollen in diesem Abschnitt einige größere Programmierprobleme mit ihrem fachlichen Hintergrund aufgegriffen werden. Wir setzen dabei voraus, daß die Übersetzung der Kontrollstrukturen, wie sie im 1. Abschnitt eingeführt wurde, sowie die Einarbeitung von Prozeduren und Funktionen vom Leser geleistet werden kann.

4.1 Igel-Geometrie

Wir haben bereits im 1. Abschnitt die grafischen Möglichkeiten von Rechnern angesprochen und die Anschaulichkeit von grafischen Ausgaben hervorgehoben. Die Formulierung grafischer Ausgaben geschah dabei nach der Koordinatenmethode, d.h. die einzelnen Punkte wurden durch ein Zahlenpaar angesprochen.
Für eine ganze Reihe von Problemen der Geometrie ist jedoch die Koordinatenmethode weniger naheliegend oder gar wesensfremd. Dazu gehört die von Seymour Papert über Jahre für Kinder entwickelte Turtle-Geometrie, die zwar kindgemäß gestaltet ist, jedoch in mathematisch sehr anspruchsvolle Gebiete hineinreicht (vgl. Papert 1980, Abelson/diSessa 1981). Die Turtle-Geometrie erfordert Computergrafik und eine Computersprache, die Prozeduren und Rekursion zuläßt. Papert hat dafür ein eigenes System LOGO entwickelt, das auch auf Mikrorechnern immer weitere Verbreitung findet.
Wir wollen im folgenden einige einfache Probleme der Turtle-Geometrie in BASIC programmieren und die Grafik entsprechend anpassen. Zur Konkretisierung der zugrundeliegenden geometrischen Vorstellungen denken wir uns als sympathisches Tierchen den Igel (als Übertragung des englischen "turtle"), der auf dem Sichtschirm "lebt". Man kann ihn mit den Befehlen

vorwärts(...)	gehe vorwärts um ... Schritte
rechts(...)	drehe Dich nach rechts um ... Grad

auf dem Sichtschirm bewegen und dabei seine Spur aufzeichnen lassen.

Ein Quadrat würde beispielsweise durch

```
Igel
FOR I = 1 TO 4
   vorwärts(40)
   rechts(90)
NEXT I
```

gezeichnet.
Bevor wir eine solche Befehlsfolge in einem BASIC-Programm ausprobieren können, müssen wir die Igel-Befehle als BASIC-Funktionen und Prozeduren ablegen. Wir verwenden wie in 1.5.3 die hochauflösende Grafik von applesoft.
Um keine Konflikte bei den Variablen in Subroutinen und den späteren Hauptprogrammen zu haben, verwenden wir grundsätzlich die Ziffer "9" als Zusatz.

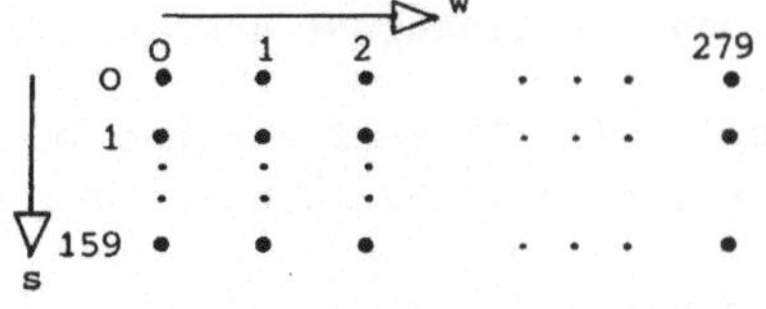

Aufrufen des Igels

Startpunkt des Igels sei die Mitte des Schirms, der Punkt W = 140, S = 80. Wir legen durch diesen Punkt ein Koordinatensystem und beziehen alle Angaben darauf.
Der Zustand des Igels (durch ein Dreieck dargestellt) wird damit durch seine Position (X9,Y9) und seinen Kurs (dies ist der Winkel K9 "rechtweisend" zur y-Richtung) festgelegt. Zu Beginn ist alles im Anfangszustand:

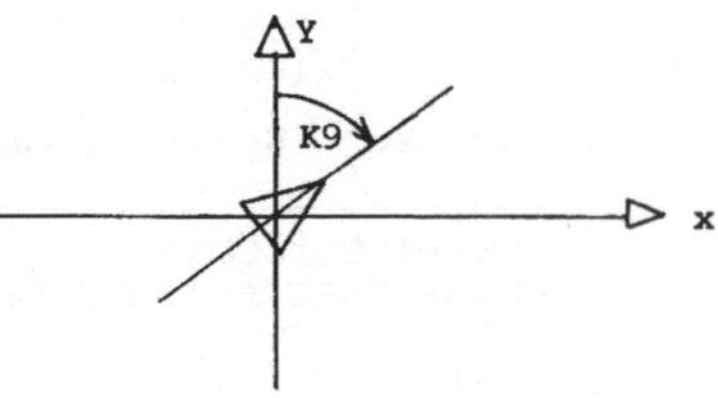


```
1000 REM---IGEL
1010 HGR: REM-AUFRUFEN DER GRAFIK
1020 HCOLOR = 7
1030 X9=0
1040 Y9=0
1050 K9=0
1060 HPLOT 140,80
1070 RETURN: REM-IGEL-ENDE
```

"vorwärts" und "rechts" als Befehle

Durch die Befehle rechts(W9) wird lediglich der Kurs verändert, bei vorwärts(S9) muß die neue Position berechnet und von der alten Position zur neuen ein Strich gezogen werden.

```
1100  REM---RECHTS(W9)
1110  K9=K9+W9
1120  RETURN: REM-RECHTS-ENDE

1200  REM---VORWÄRTS(S9)
1210  X9=X9+S9*SIN(K9*3.14159/180)
1220  Y9=Y9+S9*COS(K9*3.14159/180)
1230  HPLOT TO 140+X9,80-Y9
1240  RETURN: REM-VORWÄRTS-ENDE

1300  END
```

Der Befehl HPLOT TO ...,... zieht einen Strich von der augenblicklichen Position zur angegebenen. Jedes Programm zum Zeichnen nach der Igelvorstellung muß diese Programmteile enthalten. Die Programmierung von links(W9) und zurück(S9) wird dem Leser überlassen.

Beispiel 4.1 Es soll ein regelmäßiges Polygon mit beliebiger Seite und beliebigem Außenwinkel gezeichnet werden.

Durchführung

Das Programm muß als Eingabe eine Seite S und einen Winkel W zulassen. Der Igel soll den Polygonschritt z.B. 100mal durchführen:

```
REM<<<POLYGON>>>
PRINT "SEITE/WINKEL";
INPUT S,W
Igel
FOR I=1 TO 100
  vorwärts(S)
  rechts(W)
NEXT I
END
```

Spielen Sie das Programm für verschiedene Werte von S und W durch; z.B. auch für W = 144, 159 etc. Unter welcher Bedingung ist die Figur geschlossen?
Erzeugen Sie Figuren, indem Sie einen Winkelzuwachs W1 oder einen Seitenzuwachs S1 eingeben und um diesen Zuwachs bei jedem Schleifendurchlauf den Wert von W bzw. S erhöhen.
Wie kann man einen Kreis erzeugen?

<u>Beispiel 4.2</u>
Es soll nebenstehender Baum gezeichnet werden.

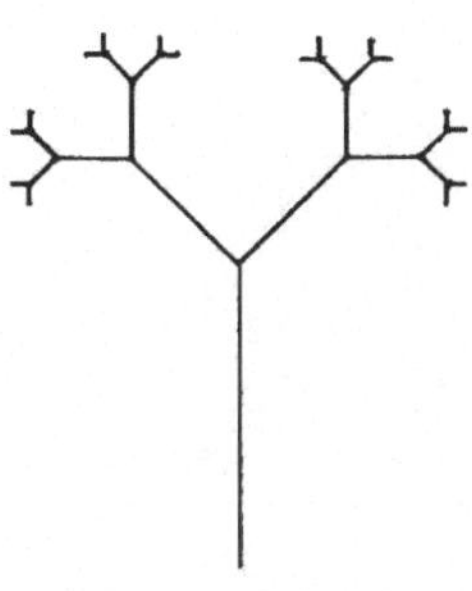

Durchführung

Der Baum ist sehr regelmäßig gebaut; es muß also möglich sein, ihn mit Computergrafik zu zeichnen, indem man sein Aufbauprinzip in einem Programm faßt.
Es fällt auf, daß bei jeder Verzweigung zweimal ein in den Dimensionen kleinerer, doch sonst strukturgleicher Baum angefügt wird.

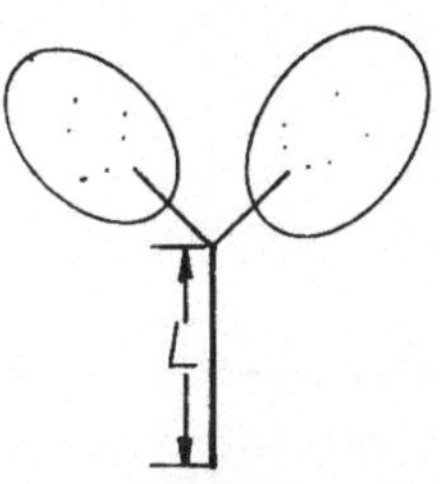

L sei die Länge der ersten Strekke; sie werde bei der Fortsetzung halbiert. Der Winkel zwischen den Ästen sei 90°.
Dann bedeutet Baum(L) für den Igel mindestens folgende Anweisungen:

```
vorwärts(L)
links(45)
Baum(L/2)
rechts(90)
Baum(L/2)
links(45)
zurück(L)
```

Das Wesentliche bei dieser Struktur ist, daß in der Definition von "Baum" die Prozedur Baum erneut aufgerufen wird: "rekursiver Aufruf". Es ist bei der obigen Befehlsfolge nur noch offen, wieviele rekursive Aufrufe zugelassen werden, wann also abgebrochen wird. Beispielsweise können wir ein Abbruchereignis durch die Länge der Äste definieren:

```
500  REM---BAUM(L)
510  IF L≤4 THEN RETURN
520  vorwärts(L)
530  links(45)
540  Baum(L/2)
550  rechts(90)
560  Baum(L/2)
570  links(45)
580  zurück(L)
590  RETURN: REM-BAUM
```

Ein solches rekursives Programm läßt sich nicht ohne weiteres in BASIC übersetzen. Es ist jedoch in BASIC möglich, mit GOSUB aus einer Subroutine heraus auf die Subroutine selbst zu springen. An folgendem Testprogramm läßt sich dies studieren. Man kann zugleich ausprobieren, wie oft dies ein spezielles BASIC-System zuläßt.

```
 10  REM<<<TEST>>>
 20  N=0
100  REM---SUBROUTINE
110  N=N+1
120  PRINT "AUFRUF";N
130  GOSUB 100
200  END
```

Bei jedem GOSUB-Aufruf wird die zugehörige Zeilennummer (im Beispiel 130) gespeichert, um für die Beendigung der Subroutine als Rückkehradresse zur Verfügung zu stehen. Dabei wird die Speicherung so vorgenommen, daß auf die zuletzt abgelegte Zeilennummer zuerst wieder zugegriffen werden kann ("Stack-Speicherung"). Auf alle abgelegten Rückkehradressen kann man also in umgekehrter Reihenfolge wieder zugreifen. Beim obigen Testprogramm ist jedoch keine Rückkehr programmiert, d.h. das BASIC-System wird sich die Zeilennummer 130 sooft im Stack merken, bis der Stack voll ist und die zugehörige Meldung erscheint.
Nehmen wir an, daß bei einem System die zulässige "Stack-Tiefe" mindestens 8 ist, so kann man das Testprogramm zu einem Programm ausbauen, das die Fakultät von 8 rekursiv berechnet und dabei den Rückkehrmechanismus beobachten. (Dies ist auch der einzige Zweck des Programms):

```
 10 REM<<<FAKULTÄT VON 8>>>
 20 N=0
 30 F=1
 40 GOSUB 100
 50 STOP
100 REM---SUBROUTINE
105 IF N=8 THEN RETURN
110 N=N+1
120 PRINT "AUFRUF";N
130 GOSUB 100
140 F=F*N
150 PRINT N,"F= ";F
160 N=N-1
170 RETURN
200 END
```

Dieser Sprungmechanismus genügt jedoch noch nicht, um das Programm zum Zeichnen des Baumes in BASIC zu übersetzen.
Die Variable L ist eine "lokale" Variable innerhalb der Prozedur BAUM, d.h. wenn man in eine aufrufende Prozedur zurückkehrt, muß die Variable den alten Wert annehmen, den sie vor dem Aufruf hatte. In BASIC gibt es jedoch von der Sprache her keine lokalen Variablen in Subroutinen; es ist also nötig, diesen Mechanismus zu simulieren, indem man L als dimensionierte Variable auslegt und je nach "Rekursionstiefe" T anders mit Werten belegt.
Zusammen mit einem Hauptprogramm (jedoch ohne Übersetzung der Igel-Befehle) ergibt sich:

```
 10 REM<<<BAUM DURCH REKURSION>>>
 11 DIM L(20)
 20 Igel
 30 REM---BAUM(64)
 31 L(0)=64
 32 T=0
 33 GOSUB 500
 40 STOP

500 REM---BAUM(L)
510 IF L(T)≤4 THEN RETURN
520 vorwärts(L(T))
530 links(45)
540 REM---BAUM(L/2)
541 L(T+1)=L(T)/2
542 T=T+1
543 GOSUB 500
544 T=T-1
550 rechts(90)
```

```
560  REM---BAUM(L/2)
561  L(T+1)=L(T/2)
562  T=T+1
563  GOSUB 500
564  T=T-1
570  links(45)
580  zurück(L(T))
590  RETURN: REM-BAUM-ENDE
```

Offenbar ist bei einem solchen Übersetzungsaufwand die Grenze des Erträglichen erreicht, d.h. BASIC ist bei solchen und ähnlichen Problemen nicht mehr einsetzbar.
In diesem einfachen Fall der Rekursion wäre man allerdings auch noch ohne die Einführung von T und die Dimensionierung von L ausgekommen, indem man bei der Rückkehr aus einer Prozedur den Wert von L verdoppelt hätte.

4.2 Berechnung der Quadratwurzel

In jedem BASIC-System ist für die ganzen Zahlen ein Standardbereich von darstellbaren Zahlen und für die reellen Zahlen eine Standardgenauigkeit für ihre Darstellung auf dem Rechner festgelegt. In manchem BASIC-System kann man auf "double precision" für diese Darstellungen und die Rechnung damit umschalten, um so die doppelte Anzahl von Ziffern zur Verfügung zu haben. Jede weitere Ausweitung der Genauigkeit oder des darstellbaren Zahlbereichs muß man jedoch selbst programmieren.
Für die bekannten mathematischen Konstanten wie π, e oder $\sqrt{2}$ hat sich in der zurückliegenden Zeit geradezu ein Wettbewerb entwikkelt, möglichst viel Dezimalziffern zu ermitteln. So ist es zwar von praktischen Anwendungen her unwichtig, daß π auf mehr als 500000 Stellen berechnet wurde, eine solche Berechnung stellt jedoch eine Herausforderung dar. Man vergleiche dazu die Ausführungen in Nievergelt u.a. 1974, S.191 ff und die dort angegebene Originalliteratur. Wir möchten im folgenden lediglich eine Methode zur Berechnung der Quadratwurzel näher ausführen, die sich als Demonstrationsprogramm für die Schule eignet.

Beispiel 4.3 Aufbauend auf dem Handalgorithmus für die Quadratwurzel einer Zahl soll ein Programm geschrieben werden, das die

Quadratwurzel Ziffer um Ziffer liefert.

Begründung des Handalgorithmus

Wir erläutern das Verfahren an einer dreiziffrigen Zahl; die Verallgemeinerung ist dann offensichtlich.
Für eine Zahl mit den Ziffern x, y und z gilt, wie man leicht nachrechnet:

$$(100x+10y+z)^2$$
$$= 10000x^2+100(10\cdot 2x+y)+\left[10\cdot 2\cdot (10x+y)+z\right]\cdot z$$
$$= 10000(10\cdot 2\cdot 0+x)\cdot x+100(10\cdot 2x+y)\cdot y+(10\cdot 2A+z)\cdot z,$$

wobei $A = 10x+y$ der zweiziffrige Anfang der Zahl ist.
Das Schema für den Handalgorithmus stellt sich dann in einem Beispiel so dar:

```
               x  y  z
√1'51'29   =   1  2  3
 1             ... (10·2·0+x)·x
 ──
   51
   44          ... (10·2·x+y)·y
   ───
    729
    729        ... (10·2·A+z)·z    mit A=12
    ───
     "
```

Es ist offensichtlich, wie das Verfahren für mehr als 3 Ziffern weiterzuführen ist.
Es erfordert folgende Grundhandlungen:

- Ermittlung der neuen Ziffer x_k, so daß $(10\cdot 2\cdot A_k+x_k)\cdot x_k$ gerade noch unter der Zahl B_k im Staffelschema bleibt,
- Aufbau der Wurzel aus den Ziffern $A_{k+1} = 10A_k + x_{k+1}$

Damit ergeben sich folgende Rekursionsgleichungen:

$$x_o = 0$$
$$A_o = 0$$
$$B_o = 0$$
$$B_{k+1} = 100\ B_k+Z_{k+1}-(20A_k + x_{k+1})\cdot x_{k+1}$$
$$A_{k+1} = 10A_k + x_{k+1}$$

(Z_{k+1} ist dabei die im (k+1)-ten Schritt anzufügende Zweierzifferngruppe).
Der wesentliche Arbeitsgang ist das Bestimmen von x_{k+1} in der 4. Zeile. Während beim Handalgorithmus die Fähigkeiten des Menschen

durch Überschlag eine Ziffer zu ermitteln und auszuprobieren gefordert sind, benötigen wir für den Rechner ein systematisches Verfahren, bei dem möglichst keine Rechnungen rückgängig gemacht werden sollten, d.h. kein Probieren notwendig ist. Dies läßt sich dadurch erreichen, daß man von $100 * B_k + Z_{k+1}$ fortlaufend subtrahiert, und zwar den Ausdruck

$$20A_k + 2n-1 \,,$$

x_{k+1} ist dann das letzte n, für das B_{k+1} positiv bleibt.

$$B_{k+1} = 100 \cdot B_k + Z_{k+1} - \sum_{n=1}^{x_{k+1}} (20A_k + 2n-1)$$

$$(x_{k+1} = 0, \text{ falls } 100 \cdot B_k + Z_{k+1} \leq 20A_k).$$

Für dieses x_{k+1} ergibt sich durch Ausführen der Summe der obige Ausdruck, wie man leicht nachrechnet.

Wir überlassen es dem Leser, den Algorithmus für einen beliebigen Radikanden zu programmieren, d.h. insbesondere den Mechanismus des Abspaltens von Zweierzifferngruppen zu entwickeln. Wir spezialisieren den Algorithmus für $\sqrt{2}$, indem wir B_1, x_1 und A_1 ausrechnen.

$$B_1 = 100 \cdot 0 + 2 - (0 + x_1) \cdot x_1$$

ergibt

$$x_1 = 1$$
$$A_1 = 1$$
$$B_1 = 1$$
$$B_{k+1} = 100 \cdot B_k - \sum_{n=1}^{x_{k+1}} (20 \cdot A_k + 2n-1)$$

$$A_{k+1} = 10 \cdot A_k + x_{k+1}$$

$$(x_{k+1} = 0, \text{ falls } 100 \cdot B_k \leq 20A_k).$$

Das Programm für $\sqrt{2}$ hat dann folgende Gestalt:

```
REM<<<WURZEL VON 2>>>
REM   ZIFFERNWEISE
PRINT "1.";
A=1
B=1
REM---8 STELLEN
FOR I=1 TO 8
  B=100*B
  REM---ERMITTLUNG VON X
  X=1
```

```
    solange B≥20*A+2*X-1 führe
      B=B-(20*A+2*X-1)
      X=X+1
    aus
    X=X-1
    PRINT X
    A=10*A+X
  NEXT I
  END
```

Nach dieser Methode hat M. Lal 1967 $\sqrt{2}$ auf 19600 Stellen berechnet (vgl. Nievergelt u.a.1974, S.194, 221).

Beispiel 4.4 Der in Beispiel 4.3 entwickelte Algorithmus soll zur Ermittlung von (prinzipiell) beliebig viele Ziffern von $\sqrt{2}$ angewendet werden.

Problemanalyse

Wenn man den Algorithmus für $\sqrt{2}$ für einige Ziffern mit Hand durchführt oder sich die Werte von A und B im obigen Programm ausdrukken läßt, stellt man fest, daß die Ziffern in A und B proportional mit der Anzahl der ermittelten Ziffern zunehmen. A und B müssen also als mehrfach genaue Zahlen verarbeitet werden.
Wir führen außerdem noch eine mehrfach genaue Hilfsgröße C ein, die jeweils 20*A gesetzt wird. Man muß dann mit diesen mehrfach genauen Zahlen folgende Operationen ausführen können:

C = 20*A

B = 100*B

B = B-(C+2*x-1)

A = 10*A+x

B ≥ C als Vergleich

Wir wollen diese Operationen nacheinander als Subroutinen abfassen und daraus ein Gesamtprogramm zusammenfügen.
Die mehrfach genauen Zahlen realisieren wir durch Darstellung als Zahl zur Basis 10^4 mit den Ziffern 0,1,..., 9999. Eine Zahl ist dann ein eindimensionales Feld, wobei pro Speicherzelle eine "Ziffer" abgelegt wird. Auf diese Weise wird das ganze "kleine" Eins-und-Eins und Ein-mal-Eins durch die übliche Arithmetik des Rechners dargestellt. Es ist zudem in jeder Zelle noch Platz, die Überträge vorläufig aufzunehmen. Wenn in der höchsten Zelle die Zahl ≥ 10000 ist, so liegt Überlauf vor. Diese Methode ist zwar bezüglich Speicherplatzbedarf nicht die sparsamste, sie ermöglicht

jedoch, die Algorithmen durchsichtig zu formulieren.
Von den Rechenoperationen benötigen wir bei diesem Beispiel nur die Subtraktion B = B-C, wobei wir sicher sind, daß B $\geq$ C ist. Wir wollen den Vorgang der Subtraktion im 10^4-System an einem Zahlenbeispiel erläutern:

Index S	3	2	1	0
B(S)	1234	5678	9101	1121
C(S)	54	3210	9876	5432
		-1	-1	
B(S)	1180	2467	9224	5689

Die folgenden Anweisungen sind genau dem Handverfahren nachgebildet.

```
FOR S=0 TO S0
  wenn B(S)<C(S) dann führe
    B(S)=B(S)+10000
    B(S+1)=B(S+1)-1
  aus
  B(S)=B(S)-C(S)
NEXT S
```

Wenn man noch berücksichtigen möchte - was aus Laufzeitgründen unumgänglich ist -, daß man die Rechnung abbrechen kann, wenn das erste B(S) = 0 ist, so muß man die Zählschleife in eine solange-Schleife umwandeln.

```
REM---INITIALISIERUNG A,B
FOR I=1 TO S0
  A(I)=0
  B(I)=0
NEXT I
A(0)=1
B(0)=1
RETURN
```

```
REM---B=B-C
S=0
solange S<S0 AND B(S+1)≠0 führe
  wenn B(S)<C(S) dann führe
    B(S)=B(S)+10000
    B(S+1)=B(S+1)-1
  aus
  B(S)=B(S)-C(S)
  S=S+1
aus
RETURN
```

```
REM---A=10*A+X
A(0)=10*A(0)+X
S=1
solange S≤S0 AND A(S)≠0 AND A(S-1)≠0 führe
  A(S)=A(S)*10+(A(S-1) div 10000)
  A(S-1)=A(S-1) mod 10000
  S=S+1
aus
RETURN
```

```
REM---PRUFEN VON B≥C
W$="WAHR"
S=0
wiederhole
  S=S+1
bis(B(S)=0 AND C(S)=0) OR S=S0
solange B(S)=C(S) AND S≥0 führe
  S=S-1
aus
IF S=-1 THEN RETURN
IF B(S)≥C(S) THEN RETURN
W$="FALSCH"
RETURN
```

Die Verfeinerungen für B = 100*B und C = 20*A+2*X-1 bleiben dem Leser überlassen.

Damit ergibt sich folgendes Gesamtprogramm:

```
REM<<<WURZEL VON 2>>>
REM    ZIFFERNWEISE
REM---VEREINBARUNGEN
REM    A,B,C MEHRFACH GENAU
DIM A(100),B(100),C(100)
REM    S STELLENINDEX
S0=100
REM    I ZÄHLINDEX
REM    X EINFACH GENAU
REM    W$ MERKER
REM---HAUPTPROGRAMM
X=1
PRINT "1.";
Initialisierung A,B
```

```
REM---ZIFFER UM ZIFFER
FOR I=1 TO 99
    Verfeinerung B=100*B
    REM...ERMITTLUNG VON X
    X=1
    Verfeinerung C=20*A+2*X-1
    Prüfen von B≥C
    solange W$="WAHR" führe
      X=X+1
      C=C+2*X-1
      Verfeinerung B=B-C
      Prüfen von B≥C
    aus
    X=X-1
    PRINT X;
    Verveinerung A=10*A+X
NEXT I
STOP
REM---VERFEINERUNGEN
END
```

Das Programm läßt sich noch optimieren; so könnte man z.B. auf C zugunsten des Speicherplatzbedarfs und zuungunsten der Rechenzeit verzichten.

4.3 Vorübersetzer

Ziel dieses Abschnittes ist es, eine Programmentwicklung durchzuführen, die im Vergleich zu den bisherigen Programmen neue Akzente setzt:

- Die Sprachübersetzung ist eine typisch informatische Fragestellung, wobei entsprechend ungewohnte Techniken angewandt werden.
- Das Programm erhält insgesamt einen Umfang, der die Übersicht erschwert.
- Die Implementation auf dem Rechner muß sorgfältig schrittweise durchgeführt werden; die speziellen Eigenheiten des Rechnersystems sind zu berücksichtigen.

4.3.1 Einsatz des Übersetzungsprogramms

Das zu entwickelnde Programm soll die Übersetzungsarbeit, wie sie etwa in 1.5.1 geschildert ist, übernehmen.
Dazu muß man sich den Gesamtvorgang der Programmierung in folgen-

den Phasen vorstellen:

- Schreiben des Programms mit deutschsprachigen strukturierenden Anweisungen,
- Eingabe des Programms in den Rechner mit Hilfe des BASIC-Systems, jedoch ohne Übersetzung der deutschsprachigen Befehle. (Ein RUN würde SYNTAX ERROR oder ähnliches ergeben!). Es werden dabei fortlaufende Zeilennummern vergeben.
- Abspeichern des Programms als Textdatei: NAME
- Aufrufen und Laufenlassen des Übersetzungsprogramms, das die Datei NAME liest und dabei eine Datei NAME.B mit dem BASIC-Programm erzeugt.

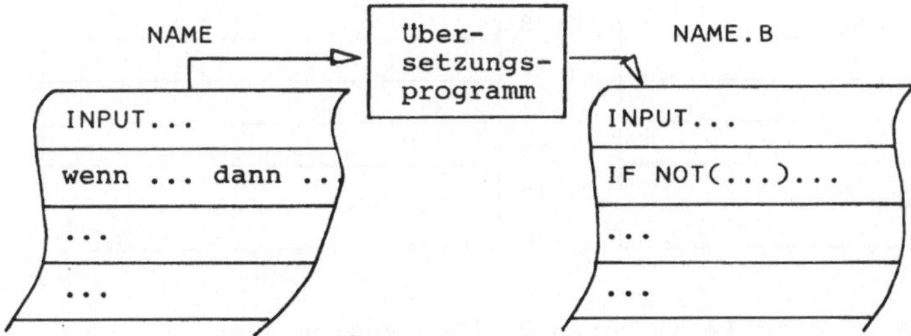

- Aufrufen des übersetzten Programms NAME.B
- Laufenlassen dieses Programms.

Einige der angeführten Phasen hängen sehr stark von den Eigenschaften des konkreten Betriebssystems ab. Bei Systemen mit Bandbetrieb ist der geschilderte Übersetzungsvorgang nicht mehr praktikabel. Einzelheiten zum Betrieb auf einzelnen Rechnern werden bei der Implementation angeführt.

4.3.2 Ein Beispiel für Handbetrieb

NAME		P$	
10	INPUT A	1	
20	LET L=1	2	
30	LET R=A	3	
40	solange R-L>0.001 führe	4	
50	LET M=(L+R)/2	5	
60	wenn M*M>A dann führe	6	
70	LET L=M	7	
80	aus	8	
90	sonst führe	9	
100	LET R=M	10	
110	aus	11	
120	aus	12	
130	PRINT (R+L)/2	13	
140	END	14	

Die Datei NAME wird Zeile um Zeile fortlaufend gelesen. Es wird jeweils eine Zeile verarbeitet (Es können also nicht vorhergehende Zeilen erneut gelesen werden!).
Das Verarbeitungsergebnis wird in ein eindimensionales Feld P$ für Textzeilen eingetragen. Es muß Ihnen beim folgenden Durchspielen klar werden, daß nur nach der Information, die in einer Zeile und eventuell der folgenden vorhanden ist, gehandelt werden kann. Überblick ist nicht nötig, lediglich ein Stoß von Merkzetteln hilft die Übersetzungsentscheidungen zu steuern.
Wir erläutern die "Spielregeln" in der Reihenfolge, wie sie im Beispiel benötigt werden. Überzeugen Sie sich also jeweils am Beispiel, daß die Regeln (in ihrer leichten Formalisierung) stimmen.

(1) BASIC-Zeilen werden vollständig in P$ übernommen.
    Mit Regel (1) können Sie die Zeilen 10 bis 30 verarbeiten.

(2) Beginnt eine Zeile mit "solange", so wird in P$(I) (Beispiel: I=4)
  - die Zeilennummer übertragen,
  - danach "IF NOT(" angeschlossen,
  - die Bedingung (d.h. die Zeichenkette zwischen "solange" und "führe") angefügt und danach

- ")" gesetzt.

Auf einem Zettel wird das Wort "solange", der Index I und die Zeilennummer notiert.

solange
4
40

Verarbeiten Sie Zeile 40 und 50 nach dieser Regel. Die Zeilen von P$ sind inzwischen bis Index 5 ausgefüllt:

	P$
1	10 INPUT A
2	20 LET L=1
3	30 LET R=A
4	40 IF NOT(R-L>0.001)
5	50 LET M=(L+R)/2
6	

(3) Beginnt eine Zeile mit "wenn", so wird in P$(I) (Beispiel: I=6)
  - die Zeilennummer übertragen,
  - danach "IF NOT(" angeschlossen,
  - danach alles, was zwischen "wenn" und "dann" steht übernommen und
  - schließlich ")" angefügt.

  Auf einem Zettel wird das Wort "wenn" und der Index I notiert. Dieser Merkzettel wird auf den vorigen Zettel gelegt, da wir die Information auf dem vorigen Zettel vorerst nicht benötigen.

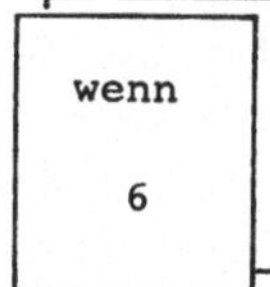

Verarbeiten Sie Zeile 60 und 70.

In Zeile 80 findet sich "aus". Ohne den Überblick über die zurückliegenden Zeilen zu haben, ließe sich nicht entscheiden, ob "aus" zu "solange" oder zu "wenn" gehört, wenn im Merkstoß nicht die Reihenfolge geregelt wäre. Die Entscheidung kann also allein aus dem obersten Zettel des Merkstoßes getroffen werden.

(4) Beginnt eine Zeile mit "aus", so entscheide man nach dem obersten Zettel des Merkstoßes

  (4.1) Zettel zeigt "wenn":

  P$(I) (Beispiel: I=8) erhält nach der Zeilennummer (Beispiel: 80) den Eintrag "REM WENN ENDE". Wenn J der auf dem Zettel notierte Index ist und N1 die Zeilennummer der nächstfolgenden Zeile (Beispiel: J=6, N1=90), so ist an P$(J) "GOTO" und N1 anzufügen.

  Der Merkzettel wird vom Stoß entfernt.

(5) Beginnt eine Zeile mit "sonst", so wird - bevor man eine neue Zeile von P$ beginnt - auf einem Zettel "sonst", der Index der zuletzt beschriebenen Zeile, die zugehörige Zeilennummer notiert (Beispiel: 8, 80) und der Zettel auf den Merkstoß gelegt.

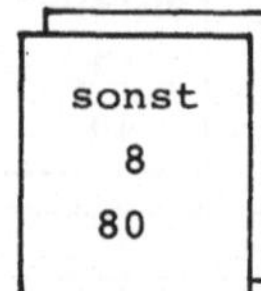

P$(I) (Beispiel: I=9) erhält nach der Zeilennummer (Beispiel: 90) den Eintrag "REM SONST".

Verarbeiten Sie Zeile 80 bis 100.

Fortsetzung der Regel (4):

(4.2) Zettel zeigt "sonst":

P$(I) (Beispiel: I=11) erhält nach der Zeilennummer den Eintrag "REM WENN ENDE".
Wenn J der auf dem Zettel notierte Index ist, so wird P$(J) gelöscht und die notierte Zeilennummer (Beispiel: 80) sowie "GOTO" und danach die aktuelle Zeilennummer (Beispiel: 110) gesetzt.
Der Merkzettel wird vom Stoß entfernt.

Verarbeiten Sie Zeile 110.

(4.3) Zettel zeigt "solange":

P$(I) (Beispiel: I=12) erhält nach der Zeilennummer den Eintrag "GOTO" und die Zeilennummer des Merkstoßes (Beispiel: 40).
Ist J der gemerkte Index, so wird an P$(J) noch "GOTO" und die Zeilennummer der nächst folgenden Zeile angefügt.
Der Merkzettel wird vom Stoß entfernt.

Verarbeiten Sie die Zeilen 120 bis 140.

Es dürfte ratsam sein, die Übersetzung des Programms noch einmal am Stück durchzuführen, um das "Mechanische" im Vorgehen als Erfahrung zu haben. Spielen Sie auch ein noch tiefer geschachteltes Beispiel durch, damit Sie die Entwicklung des Merkstoßes sehen. Gleichzeitig wird an folgendem Beispiel deutlich, daß in den obigen Regeln auch das einseitige "wenn" enthalten ist.

```
 10  a1
 20  solange b1 führe
 30    solange b2 führe
 40      wenn b3 dann führe
 50        solange b4 führe
 60          a2
 70        aus
 80      aus
 90    aus
100  aus
110  END
```

4.3.3 Hauptteil und Zeilenanalyse

Beim Durchspielen dürfte klar geworden sein, daß Zeile um Zeile eingelesen und analysiert wird, daß jedoch unter Umständen Sprünge auf die folgende Zeile eingetragen werden müssen. Wir benötigen also neben der zu verarbeitenden Zeile Z1$ auch schon die folgende Zeile Z2$. Dieser Mechanismus des Lesens der beiden Zeilen wird im Hauptteil dargestellt:

```
REM---HAUPTTEIL
Öffnen der Datei
Dateizeile Z1$
solange NOT eof führe
  Dateizeile Z2$
  Verarbeitung von Z1$
  Z1$=Z2$
aus
Verarbeitung von Z1$
Schließen der Datei
Ausgabe
STOP
```

Die Verarbeitung besteht aus der Typbestimmung für eine Zeile und der Entscheidung nach dem Typ:

```
REM---VERARBEITUNG
Typbestimmung
falls T gleich
  1: wenn
  2: solange
  3: sonst
  4: wiederhole
  5: bis
  6: aus
  7: keines
falls-Ende
RETURN
```

Typbestimmung

Die sechs Schlüsselwörter werden in einem DATA vereinbart:

DATA "WENN", "SOLANGE", "WIEDERHOLE", "SONST", "BIS", "AUS" .

In jeder Zeile Z1$ muß geprüft werden, ob eines der sechs Wörter enthalten ist. Zusätzlich benötigt man die Position des Worts in Z1$. Die Positionsfunktion pos(Z1$,S$) (vgl. 3.4) leistet beides:

```
REM---TYPBESTIMMUNG
T=7
K=1
solange T=7 AND K≤6 führe
  READ S$
  P=pos(Z1$,S$)
  IF P≠0 THEN T=K
  K=K+1
aus
RESTORE
RETURN
```

Nach dem Durchlaufen der Verfeinerung hat T einen der Werte 1 bis 7; P ist 0 (im Falle T=7) und gibt sonst die Position von S$ in Z1$ an.

4.3.4 Weitere Verfeinerungen

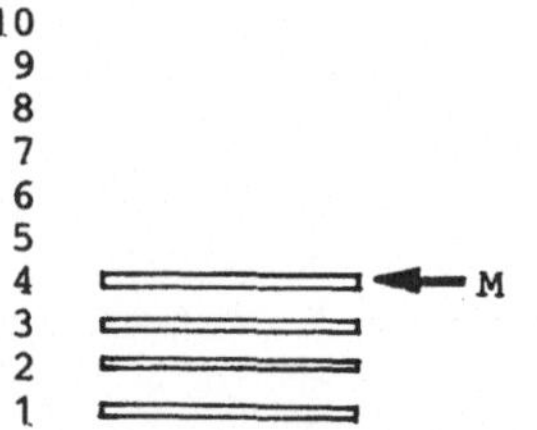

Organisation des Merkstoßes

Das Auflegen von Zetteln auf den Stoß und das Abheben formen wir wie folgt im Programm nach:

Typ T, Index I und Zeilennummer N$ werden in drei eindimensionale Felder gespeichert. Es dürfte genügen, sie mit 10 Plätzen zu vereinbaren:

DIM M1(10), M2(10), M3$(10)

Der "oberste" Zettel wird durch den Zeiger M angezeigt. Dann ergibt sich folgendes:

Initialisierung

M = 0

Merken von T, I, N$

```
REM---MERKEN
IF M=10 THEN STOP
M=M+1
M1(M)=T
M2(M)=I
M3$(M)=N$
RETURN
```

Lesen des obersten Zettels

... M1(M) ...

... M2(M) ...

... M3$(M) ...

(eingefügt in den entsprechenden Befehl).

Entfernen des obersten Zettels

```
IF M=0 THEN STOP
...
M=M-1
```

Daß diese Zeilen genau den Merkstoß mit Zetteln darstellen, sollten Sie an einem Beispiel durch genaues Durchspielen nachvollziehen.

BASIC-Zeile

Im Falle einer BASIC-Zeile muß nur Z1$ übertragen werden:

```
REM---KEINES
I=I+1
P$(I)=Z1$
RETURN
```

Die Zeichenkette Z1$ wird also nicht daraufhin geprüft, ob sie im Sinne von BASIC eine sinnvolle Anweisung darstellt.

wenn - Zeile

Eine wenn-Zeile, z.B.

120 wenn X=7 AND Y≠2 dann führe

wird folgendermaßen zerlegt:

- alles vor "wenn" wird in P$(I) gespeichert,
- danach "IF NOT(",
- danach alles zwischen "wenn" und "dann"
- danach ")".

```
REM---WENN
P1=pos(Z1$,"DANN")
IF P1=0 THEN STOP
I=I+1
P$(I)=links(Z1$,P-1)+"IF NOT("+mitte(Z1$,P+4,P1-1)+")"
Merke T,I,""
RETURN
```

solange-Zeile

Analog wird die solange-Zeile übertragen:

```
REM---SOLANGE
P1=pos(Z1$,"FUEHRE")
IF P1=0 THEN STOP
N$=links(Z1$,P-1)
I=I+1
P$(I)=N$+"IF NOT(" +mitte(Z1$,P + 7,P1-1)+")"
Merke T,I,N$
RETURN
```

aus-Zeile

Es muß der Merkstoß inspiziert und danach entschieden werden, welche Kontrollstruktur abzuschließen ist:

```
REM---AUS
IF M=0 THEN STOP
J=M2(M)
falls M1(M) gleich
  1: wenn-Ende
  2: solange-Ende
  3: sonst-Ende
  4: STOP
falls-Ende
M=M-1
RETURN
```

Es sind zwei Fehlersituationen formuliert:
- ein "aus" trifft auf den leeren Merkstoß
- ein "aus" trifft auf "wiederhole" im Merkstoß (T=4).

wenn-Ende

Es ist folgendes zu tun:
- Ermitteln und Übertragen der Zeilennummer vor "aus",
- Anfügen des Kommentars,
- Eintragen des Sprungs auf die nächst folgende Zeilennummer in der zugehörigen wenn-Zeile.

```
REM---WENN-ENDE
N$=links(Z1$,P-1)
I=I+1
P$(I)=N$+"REM-WENN-ENDE"
Zeilennummer N1$ von Z2$
P$(J)=P$(J)+"GOTO"+N1$
RETURN
```

solange-Ende

Es ist folgendes zu tun:

- Ermitteln und Übertragen der Zeilennummer vor "aus",
- Anfügen des Rücksprungs nach der gemerkten Zeilennummer,
- Anfügen des Sprungs von der solange-Zeile auf die Zeilennummer der Zeile nach "aus".

```
REM---SOLANGE-ENDE
N$=links(Z1$,P-1)
I=I+1
P$(I)=N$+"GOTO"+M3$(M)
Zeilennummer N1$ von Z2$
P$(J)=P$(J)+"GOTO"+N1$
RETURN
```

Zeilennummer N1$ von Z2$

Die Zeichen der Zeile Z2$ werden von Position 1 ab durchgegangen. Solange es Ziffern sind, werden diese nach N1$ übertragen:

```
REM---ZEILENNUMMER N1$ VON Z2$
P9=1
A$=MID$(Z2$,P9,1)
N1$=""
solange A$≥"0" AND A$≤"9" führe
  N1$=N1$+A$
  P9=P9+1
  A$=MID$(Z2$,P9,1)
aus
RETURN
```

4.3.5 Gesamtprogramm

Es werden die bisher erläuterten Teile zusammengefaßt und durch die fehlenden Verfeinerungen ergänzt. Der Leser möge diese Verfeinerungen für sein Verständnis analysieren. Die maschinenabhängigen Details werden in 4.3.6 behandelt.

```
100   REM<<<VORUEBERSETZER>>>

      REM---VEREINBARUNGEN
      REM   MERKSTOSS ZEIGER:M
      DIM M1(10),M2(10),M3$(10)
      REM   PROGRAMM
      DIM P$(50)
      REM   I,J......INDIZES DES PROGRAMMS
      REM   Z1$,Z2$..EINGABEZEILEN
      REM   N$,N1$...ZEILENNUMMERN
      REM   P,P1,P9..POSITIONEN IN ZEILEN
      REM   A$,S$....HILFSVARIABLEN

400   REM---DATEN
      DATA "WENN","SOLANGE","SONST","WIEDERHOLE","BIS","AUS"

500   REM---INITIALISIERUNGEN
      I=0
      M=0
      PRINT "DATEINAME";
      INPUT D$

1000  REM---HAUPTTEIL
      öffnen der Datei
      Dateizeile Z1$
      solange NOT eof führe
        Dateizeile Z2$
        Verarbeitung von Z1$
        Z1$=Z2$
      aus
      Verarbeitung von Z1$
      Schliessen der Datei
      Ausgabe
      STOP

1400  REM---VERFEINERUNGEN

1500  REM---VERARBEITUNG
      Typbestimmung
      falls T gleich
        1: wenn
        2: solange
        3: sonst
        4: wiederhole
        5: bis
        6: aus
        7: keines
      falls-Ende
      RETURN
```

```
2000  REM---TYPBESTIMMUNG
      T=7
      K=1
      solange T=7 AND K≤6 führe
        READ S$
        P=pos(Z1$,S$)
        IF P≠0 THEN T=K
        K=K+1
      aus
      RESTORE
      RETURN
```

```
2200  REM---WENN
      P1=pos(Z1$,"DANN")
      IF P1=0 THEN STOP
      I=I+1
      P$(I)=links(Z1$,P-1)+"IF NOT("+mitte(Z1$,P+4,P1-1)
      Merke T,I,""
      RETURN
```

```
2400  REM---SOLANGE
      P1=pos(Z1$,"FUEHRE")
      IF P1=0 THEN STOP
      N$=links(Z1$,P-1)
      I=I+1
      P$(I)=N$+"IF NOT("+mitte(Z1$,P+7,P1-1)+")"
      Merke T,I,N$
      RETURN
```

```
2600  REM---SONST
      Merke T,I,N$
      N$=links(Z1$,P-1)
      I=I+1
      P$(I)=N$+"REM SONST"
      RETURN
```

```
2800  REM---WIEDERHOLE
      N$=links(Z1$,P-1)
      I=I+1
      P$(I)=N$+"REM WIEDERHOLE"
      Merke T,I,N$
      RETURN
```

```
3000  REM---BIS
      N$=links(Z1$,P-1)
      I=I+1
      IF M=0 THEN STOP
      IF M1(M)≠4 THEN STOP
      P$(I)=N$+"IF NOT("+rechts(Z1$,P+3)+")"+"GOTO"+M3$(M)
      M=M-1
      RETURN
```

```
4000  REM---AUS
      IF M=0 THEN STOP
      J=M2(M)
      falls M1(M) gleich
        1: wenn-Ende
        2: solange-Ende
        3: sonst-Ende
        4: STOP
      falls-Ende
      M=M-1
      RETURN

4200  REM---KEINES
      I=I+1
      P$(I)=Z1$
      RETURN

4400  REM---WENN-ENDE
      N$=links(Z1$,P-1)
      I=I+1
      P$(I)=N$+"REM WENN-ENDE"
      Zeilennummer N1$ von Z2$
      P$(J)=P$(J)+"GOTO"+N1$
      RETURN

4600  REM---SOLANGE-ENDE
      N$=links(Z1$,P-1)
      I=I+1
      P$(I)=N$+"GOTO"+M3$(M)
      Zeilennummer N1$ von Z2$
      P$(J)=P$(J)+"GOTO"+N1$
      RETURN

4800  REM---SONST-ENDE
      N$=links(Z1$,P-1)
      I=I+1
      P$(I)=N$+"REM SONST-ENDE"
      P$(J)=M3$(M)+"GOTO"+N$
      RETURN

5000  REM---MERKEN VON T,I,N$
      IF M=10 THEN STOP
      M=M+1
      M1(M)=T
      M2(M)=I
      M3$(M)=N$
      RETURN

5200  REM---ZEILENNUMMER N1$ VON Z2$
      P9=1
      A$=MID$(Z2$,P9,1)
      N1$=""
      solange A$≥"0" AND A$≤"9" führe
        N1$=N1$+A$
        P9=P9+1
        A$=MID$(Z2$,P9,1)
      aus
      RETURN
```

In diesem Programm sind sehr viele Fehlersituationen nicht formuliert, d.h. sie werden nicht abgefangen und führen zu Fehlläufen oder Abbrüchen. Das Programm sollte also nicht von Programmierenden zur Übersetzung genutzt werden, die es nicht durchschauen. Wer es jedoch kennt, wird bei Fehlläufen leicht auf Fehler im zu übersetzenden Programm schließen können.

Beispiele für nicht abgesicherte Ereignisse sind:

- Die Einhaltung der Indexgrenzen bei P$(I),
- Fehlen der END-Zeile (notwendig für die Existenz von Z2$!),
- Fehlen eines "wenn" vor einem "sonst" usw.

Solche Fehlerprüfungen können noch eingefügt, es können auch noch Kürzungen vorgenommen werden. Bei allen diesen Arbeiten sollte man jedoch nie auf Kosten der Durchsichtigkeit und Struktur des Programms Veränderungen vornehmen.

4.3.6 Dateibehandlung

Wir geben die weitere Konkretisierung für MBASIC des CP/M-Systems wieder.

Vorgehen im System mit Disketten

1. Schreiben des Programms im BASIC-Editor. Bei der Benutzung der automatischen Zeilennumerierung werden die Zeilennummern bei der Eingabe (z.B. AUTO 10,10) zur Nebensache. Die Einrückungen zur Strukturierung des Programms bleiben erhalten, sie treten auch in der Übersetzung wieder auf.
2. Abspeichern des Programms im ASCII-Code:
   ```
   SAVE "NAME",A
   ```
3. Laden und Laufenlassen des Vorübersetzers:
   ```
   LOAD "VUE",R
   ```
4. Laden des Übersetzungsergebnisses aus einer ASCII-Code-Datei in den Arbeitsspeicher:
   ```
   MERGE "NAME.B"
   ```
5. Laufenlassen des Programms
   ```
   RUN
   ```

Für das Programm des Vorübersetzers sind noch folgende Präzisierungen notwendig:

Öffnen der Datei D$

```
OPEN "I", #1, D$
```

Dateizeile Z1$

```
LINE INPUT#1,Z1$
```

End-of-File (eof)

```
EOF(1)
```

Dateizeile Z2$

```
LINE INPUT#1,Z2$
```

Schließen der Datei

```
CLOSE#1
```

Ausgabe

```
1700  REM---AUSGABE
      OPEN "O",#2,D$+".B"
      FOR J=1 TO I
        PRINT#2,P$(J)
      NEXT J
      CLOSE#2
      RETURN
```

pos(Z$,S$)

```
INSTR(Z$,S$)
```

links(X$,A)

```
LEFT$(X$,A)
```

rechts(X$,A)

```
RIGHT$(X$,LEN(X$)-A+1)
```

mitte(X$,A,B)

```
MID$(X$,A,B-A+1)
```

5. DIDAKTISCHE UND METHODISCHE ANMERKUNGEN

In diesem Buch wurde der Versuch gemacht, einerseits in den Formulierungen der Programme und den Möglichkeiten des Laufenlassens sehr nahe am Rechner zu sein, andererseits aber grundlegende Ergebnisse aus der Diskussion um das strukturierte Programmieren für das Problemlösen nutzbar zu machen.
Diese Diskussion kam aus der Notwendigkeit, in die rein informatischen Probleme beim Programmieren auch methodische und didaktische Fragestellungen einzubeziehen:
Zum erfolgreichen Programmieren gehört ein systematisches Vorgehen. Dies wirft sofort das didaktische Problem auf, wie diese Fähigkeit des systematischen Problemlösens und Programmierens gelehrt wird. Die zurückliegenden Kapitel hätten an manchen Stellen Ansatzpunkte geboten, an denen für Lehrende didaktische oder methodische Ausführungen nützlich gewesen wären; sie hätten jedoch dort den Gedankengang zu sehr unterbrochen. Wir möchten daher einige Gesichtspunkte im folgenden aufgreifen und zusammenhängend erläutern.

5.1 Dynamische Vorstellungen

Beim Schreiben eines Programms, das eine bestimmte Aufgabe erfüllt, muß am Anfang eine Vorstellung über die Durchführung der Aufgabenlösung bestehen. Solche Vorstellungen - mögen sie nun die Lösung vollständig erfassen oder nur ein erster globaler Schritt dazu sein - müssen einen Vorgang repräsentieren, also die Aufgabenlösung dynamisch darstellen. Darüberhinaus muß diese dynamische Vorstellung noch so beschaffen sein, daß sie sich an einem bestimmten Ausführenden orientiert. Grundlage für das Entwickeln von dynamischen Vorstellungen oder schließlich eines fertigen Algorithmus muß also ein Ablaufmodell für den Prozessor sein. Wir werden in 5.2 noch genauer auf verschiedene Ablaufmodelle eingehen. Für den Lernenden ist es zu Anfang in der Regel am nützlichsten, von sich selbst als Ausführenden auszugehen, d.h. Rechnungen mit Hand auszuführen und dieses Ausführen zu analysieren. Dabei sind die grundlegenden Handlungen zu identifizieren und die Konstrollstrukturen festzulegen. Es stellt eine Propädeutik des Algorithmierens und Programmierens (etwa in der Schule) dar, wenn das Ergebnis solcher Analysen auch durch geeignete Mittel (unabhängig vom Rechner)

festgehalten und formuliert wird.
Dazu sollen im folgenden einige Beispiele gegeben werden.

Beispiel 5.1 Das Handverfahren zum euklidischen Algorithmus soll analysiert und dynamisch dargestellt werden (vgl. Löthe-Müller 1979, S.134).

Durchführung

Man lernt das Ausführen des euklidischen Algorithmus als Mensch am schnellsten durch Imitation, wenn es auf eine Begründung des Verfahrens nicht ankommt. Wer jemand beobachtet hat, wie er die nebenstehende Rechnung durchführt, "kann" diese auch. Dabei ist natürlich die Fähigkeit vorausgesetzt, die grundlegenden Handlungen auszuführen:

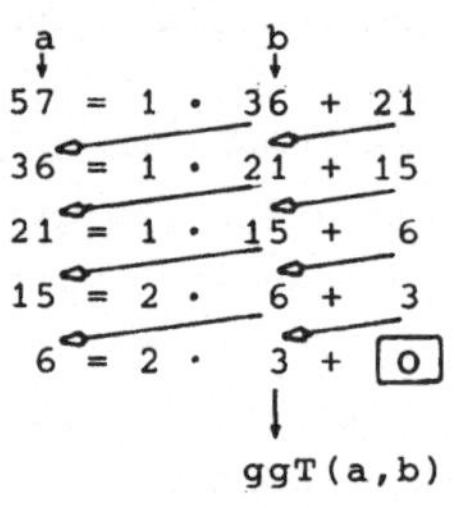

- Division zweier Zahlen mit Rest
- Verlagern der Zahlen im Schema
- Erkennen der Abbruchbedingung
- Ablesen des ggT

Bei der Darstellung des Vorganges ist zuerst eine Klärung des zeitlichen Ablaufs, insbesondere des Zeittaktes nötig, in dem gearbeitet wird. Offensichtlich paßt man sich bei Handalgorithmen der Schreibrichtung (von links nach rechts, von oben nach unten) an; jede Zeile kann man als einen Zeittakt betrachten. In jedem Zeittakt sind drei Zahlen wichtig, z.B. im ersten: 57, 36 und 21. 21 wird als Divisionsrest aus den anderen beiden ermittelt. Unwichtig ist dagegen das Divisionsergebnis selbst.

A	B	R
57	36	21
36	21	15
21	15	6
15	6	3
6	3	0

Die zeitliche Entwicklung dieser drei Zahlen läßt sich also am besten in einer Tabelle darstellen, die jedoch keine Anhaltspunkte für die Rechnung mehr enthält.

Möchte man die Handlungen veranschaulichen, die das Ausfüllen der Tabelle bewirken, so eignet sich dazu eine Maske, die Lesefelder und Schreiblücken enthält und die Handlungen durch Verknüpfer,

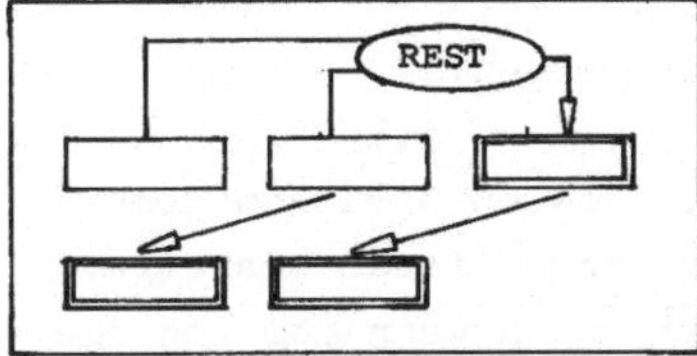

Operatoren (was in diesem Beispiel nicht auftritt) und Zuweisungen darstellt. (Reihenfolge der Ausführung in der Maske: von links nach rechts, von oben nach unten).

Der dynamische Charakter der Verknüpfer und Operatoren wurde schon bisher in der Mathematik-Didaktik erkannt und intensiv genutzt; Zuweisungen kommen neu durch die Informatik hinzu.
Das Ausfüllen einer Tabelle mit Hilfe solch einer Maske (z.B. auf dem Tageslichtprojektor) gibt eine klare dynamische Darstellung vom Operieren des Algorithmus. Die Formulierung in BASIC ist vollkommen analog zur Darstellung auf der Maske:

```
LET R = A mod B
LET A = B
LET B = R
```

Die Grenzen solch einer Darstellung sind offensichtlich: Die Kontrolle der Rechnung ist nicht so zwanglos darzustellen; sie wird am besten sprachlich gefaßt:

<u>solange</u> A mod B ≠ 0 <u>führe</u>
  Verschiebung der Maske
<u>aus</u>

Wir haben damit den Algorithmus bis auf Eingabe und Ausgabe vollständig formuliert.
Bei genauer Betrachtung des Algorithmus in Form der Maske (jedoch nicht als BASIC-Anweisungsfolge) taucht die Frage auf, wieso das Ergebnis der Rest-Bildung nicht sofort in die nächste Zeile geschrieben wird; eigentlich ist doch die R-Spalte überflüssig. Es entsteht so eine kürzere und klarere Formulierung des euklidischen Algorithmus als Maske, die nur den Nachteil hat, daß sie nicht direkt in BASIC überführbar ist. Beide Zeilenfolgen

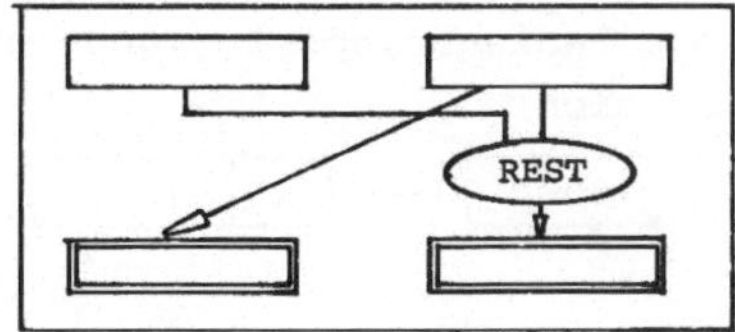


```
LET A = B
LET B = A mod B
```

und

```
LET B = A mod B
LET A = B
```

sind falsch. Es wäre erforderlich, daß beide Befehle gleichzeitig (kollateral) in einem Zeittakt ausgeführt werden:

(A,B) := (B, A mod B)

Es ist ein Defizit von BASIC - das es mit vielen Sprachen gemeinsam hat -, daß es Kollateralität nicht zu formulieren gestattet, sondern eine Sequentialisierung erfordert, auch wenn dadurch die Struktur des Algorithmus verlorengeht (z.B. Bauer 1979).
Mit anderen Worten: Bei der Darstellung von Algorithmen durch didaktisch motivierte Hilfsmittel sollte man sich nicht allzusehr an einer Computersprache orientieren, sondern eher darauf achten, daß die Darstellung in sich stimmig ist. Es kann also durchaus noch Übersetzungsarbeit beim Übergang auf eine voll sequentielle Sprache erforderlich werden. (Weitere Beispiele zur Anwendung dieser Maskendarstellung findet man in DIFF 1980).

Beispiel 5.2 Die Aufgabe der Tilgung eines Darlehens soll für eine Taschenrechner-Rechnung aufbereitet werden.

Durchführung

Nehmen wir an, daß ein Darlehen K mit p% verzinst und durch regelmäßige jährliche Zahlung des Betrags B nachschüssig getilgt wird. Dann ergibt sich in einer Operatordarstellung

$$K \xrightarrow{\cdot(1+p\%)} \cdots \xrightarrow{-B} K_1$$

für den Kontostand nach einem Jahr. Die Tastenfolge für den Taschenrechner ist dazu analog

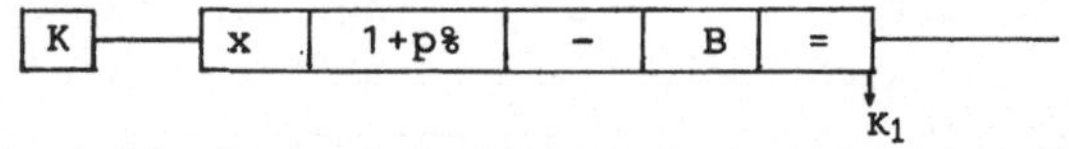

Für ein Zahlenbeispiel (10000 DM bei 8% und 1000 DM als Zahlung) ergibt sich

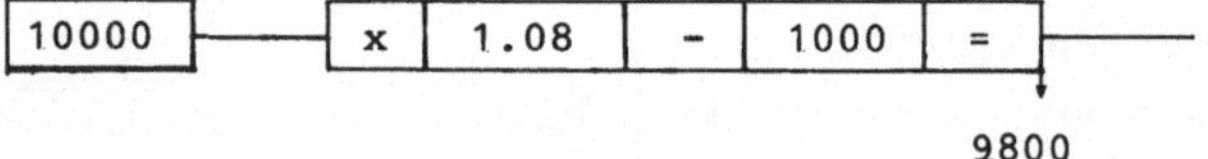

Die Wiederholung des zweiten Blocks der Tastenfolge setzt den Tilgungsprozeß fort. Beim Durchführen dieser Rechnung mit Hilfe eines Taschenrechners wird man zum Ausführenden des Algorithmus; der Taschenrechner übernimmt dabei nur die numerische Rechnung, die Kontrolle hat der Ausführende zu leisten. Man kann diese notwendige Kontrolle durch einen Kontrollrahmen in der Tastenfolge formulieren:

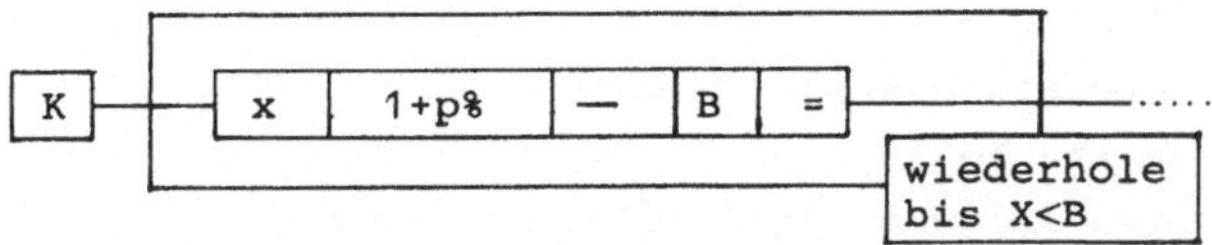

(X bedeutet die Anzeige, die Behandlung des Endes ist offen gelassen). Die dynamische Vorstellung wird also hier durch aktives Durchspielen eines Algorithmus unterstützt (man vergleiche zu Einzelheiten Löthe-Müller 1979). Die Schaffung einer Möglichkeit, einen Algorithmus aktiv durchspielen zu können, ist bei nichtnumerischen Algorithmen noch dringender, da diese in der Regel nicht mehr so naheliegend sind wie numerische Algorithmen. Wir möchten dazu als Beispiel auf den Abschnitt 4.3 verweisen, wo der Stackmechanismus durch einen Kartenstapel und der Algorithmus durch ein Spielregelsystem dargestellt sind. Weitere Beispiele finden sich in DIFF 1980, Löthe-Müller 1979 und Wirth 1975, S.88ff).

5.2 Ablaufmodell für den Prozessor

Beim Entwerfen eines Algorithmus muß eine Vorstellung über den Ausführenden, den Prozessor, vorhanden sein. Dieses Ablaufmodell, das sich in der Vorstellung bildet und das von Veranschaulichungen und mechanistischen Analogons gestützt werden kann, muß nichts mit den realen Maschinenfunktionen eines konkreten Computers zu tun haben. Es ist geradezu der Vorteil der höheren Sprachen, daß sie ganz verschiedene Computer gleichartig erscheinen lassen.
Es muß ausdrücklich darauf hingewiesen werden, daß es Untersuchungen gibt, die beim Lernen von BASIC Vorteile darin sehen, unterhalb eines BASIC-Befehls maschinennähere Ablaufvorstellungen zu vermitteln. Nach Mayer (1979) sollte das Wissenselement "BASIC-Befehl" in einer - zeitlich wie kognitiv - hierarchisch angeordneten Folge von Ablaufvorstellungen eingeordnet sein:

(1) transactions (Befehle, die an prinzipielle Maschinenfunktionen angelehnt sind),
(2) prestatements (aufgebrochene BASIC-statements)
(3) statements (BASIC-Anweisungen)
(4) mandatory chunks (Befehlsgruppen wie FOR ... NEXT)

Zentral ist auf jeder Wissensebene die Ablaufvorstellung. In sie gehen anschauliche Bilder von rechnerinternen Prozessen ein, die mit der technischen Realisierung nicht identisch zu sein brauchen

(Beispiel: A (I,J) als Speicherplatz A mit den Adress-Koordinaten I und J). Dieser operative Ansatz äußert sich verstärkt in der Kenntnisstufe prestatements.
Vergleichen Sie etwa folgende drei LET-Anweisungen:

```
LET X = 1
LET X = X/2
LET X = 5/2
```

Es werden offensichtlich ganz unterschiedliche technische Abläufe angesprochen. Die Vorstellung darüber unterstützt die kognitive Aneignung. Im Beispiel LET X = 1 könnte diese lauten: Finde die links vom Gleichheitszeichen angegebene Adresse im Speicher. Lösche den vorhandenen Wert im Speicher. Schreibe den rechts vom Gleichheitszeichen befindlichen Wert in diesen Speicher.
Es müssen jedoch diese Untersuchungen von Mayer eher skeptisch beurteilt werden, da in der Anfangszeit der Computerentwicklung maschinenorientierte Vorstellungen dominierten, die inzwischen durch neuere Befunde problematisiert werden. Mayer möchte auch das explizite Ansprechen dieser maschinennahen Elemente auf die Anfangsphase des Programmierenlernens beschränkt wissen.

Wir haben im Buch nur zwei Ablaufmodelle benutzt:
- Die Sprung-Maschine, die durch Marken und Sprungbefehle (GOTO ..., IF ... GOTO ...) gekennzeichnet ist, und
- die Strukto-Maschine, die solange- und wiederhol-Schleifen sowie wenn-dann-(sonst)-Entscheidungen zuläßt.

Es ist mathematisch streng nachgewiesen, daß jeder Algorithmus, der für eine Sprungmaschine formuliert ist, in eine sprungfreie Version für eine Strukto-Maschine übersetzt werden kann.
Mit anderen Worten: Man wird bei keinem (noch so komplexen) Algorithmus gezwungen sein, Sprungbefehle einzubauen, um ihn zu formulieren. (Für die strenge Formulierung sei auf die Originalarbeit Böhm-Jacopini 1966 verwiesen).
Man muß jedoch eine sprungfreie Fassung des Algorithmus u.U. durch Mehraufwand bezahlen:
- Es kann sein, daß bestimmte Anweisungen oder Anweisungsfolgen mehrfach im Programm aufgeführt werden müssen, und
- daß es notwendig ist, logische Variablen zur Kontrolle einzuführen.

Während der Vorteil der strukturierenden Sprachelemente zur Ver-

meidung von Fehlern, zur systematischen Klärung und Dokumentation von Algorithmen unumstritten ist, gibt es immer wieder Stimmen, die den Wert der Vorstellung einer Sprung-Maschine für Lernende hervorheben:
Das mechanistische "Abschnurren" einer Schleife, das Herausspringen aus der Schleife, das Darstellen logischer Entscheidungen durch IF-Ketten usw. wird (zumindest für jüngere Lernende) als äußerst anschaulich beurteilt. Wir wollen dies an dem Programm aus Beispiel 2.8 zur Ermittlung von Primzahlen verdeutlichen.

Beispiel 5.3 Ein Programm zur Prüfung einer Zahl Z auf Primzahleigenschaft soll in einer Version mit Sprungbefehlen geschrieben werden.

Durchführung

Die Vorstellung bei einer sprungorientierten Version kann etwa wie folgt beschrieben werden:
In einer Schleife werden Testzahlen T von 2 bis Z ausprobiert, ob sie Teiler von Z sind. Tritt dies ein, wird aus der Schleife herausgesprungen, da nun feststeht, daß Z keine Primzahl ist. Läuft jedoch die Schleife voll durch, wird sie also regulär beendet, so muß eine Primzahl vorliegen:

```
10   INPUT Z
20   FOR T=Z TO SQR(Z)
30     IF T teilt Z GOTO 70
40   NEXT T
50   PRINT Z;" IST PRIMZAHL"
60   GOTO 80
70   PRINT Z;" IST NICHT PRIMZAHL"
80   STOP
```

Eine sprungfreie Version ist im Beispiel 2.8 angeführt. Man benötigt dort eine Variable U$, die die Rolle einer logischen Variablen spielt. Logische Werte, Variable und Verknüpfungen waren im ursprünglichen BASIC nicht vorgesehen, obwohl die ältere Sprache FORTRAN dies zu ihren Spracheigenschaften zählte. Man war also beim Design von BASIC Anfang der Sechziger Jahre der Meinung, daß Lernende logische Zusammenhänge besser durch Sprungstrukturen erfassen können.
In diesen alten BASIC-Versionen mußte man sogar eine Anweisung wie

```
IF 0<X  AND X<5  THEN ...
```

in Sprungform darstellen:

```
100  IF 0<X  GOTO  110
110  IF X<5  GOTO  200
120  Falsch-Fall
...
200  Wahr-Fall
...
```

Daß logische Verknüpfer wie AND und OR einer Kette von IF... GOTO... vorzuziehen sind, dürfte heute kaum mehr strittig sein. Dies gilt jedoch (noch) nicht für die Verwendung von logischen Variablen zur Kontrolle von Schleifen.
Man erkennt, daß die logische Variable bei Verwendung der solange-Schleife notwendig ist, da diese nur einen einzigen Ausgang haben darf, von der Sache her jedoch zwei Ausgänge unabdingbar sind.
Eine logische Variable ist z.B. auch notwendig, wenn man beim Programmieren modularisieren, d.h. Funktionen und Prozeduren verwenden möchte, um Teilprobleme abzuspalten. Man stelle sich vor, daß beim Primzahlprogramm in Beispiel 2.8 das Urteil, das dort nur als Verfeinerung formuliert ist, als Prozedurfunktion gefaßt werden soll. Dann muß eine solche Funktion prim(x) einen logischen Wert als Funktionswert haben.
Logische Werte und Variablen sind also nicht zu vermeiden, wenn man auf Techniken des systematischen Programmierens zurückgreifen möchte. (Zur Diskussion über den methodischen Wert von Schleifen mit mehreren Ausgängen und GOTOs in bestimmten Situationen muß auf die informatische Literatur verwiesen werden: Ledgard-Marcotty 1975).

Auch das Programmieren in einer strukturierenden Sprache wird entscheidend von Ablaufvorstellungen geprägt. Jedes Ablaufmodell ist eine höhere Version der von-Neumann-Maschine. Auch noch bei höheren Sprachen ist (nach Backus 1978)

- der Variablenbegriff abhängig von der Speicherzellenvorstellung,
- spiegelt die Zuweisung den Abspeicher- und Aufrufmechanismus bei Speicherzellen und
- stellen Kontrollanweisungen nur ausgefeiltere Versionen von bedingten und unbedingten Sprüngen dar.

Ein entscheidend neuer Programmierstil kann erst durch eine funktionale Fassung von Programmen erreicht werden, wie es etwa durch die Sprache LOGO für die Schule aktuell wird (Abelson 1982).

5.3 Systematisches Programmieren

Die Bezeichnung, die wohl auf Wirths gleichnamiges Lehrbuch (Wirth 1972) zurückgeht, hat sich heute als Oberbegriff für alle systematischen Vorgehensweisen beim Programmieren eingebürgert. Sie setzt sich also gegen ein chaotisches Drauflosprogrammieren ab. Historisch gesehen liefen die Bemühungen der Informatiker jedoch unter der Bezeichnung "strukturiertes Programmieren" (structured programming), wobei es sich nur in der Anfangszeit um die Probleme der Strukturierung von Programmen handelte. (Die Geschichte, die Hauptströmungen und die Literatur bis 1977 ist in Weiner 1978 gründlich dargestellt).
Anlaß für diese Methodendiskussion war die software-Krise, d.h. das Erlebnis der Informatiker, daß beim unreflektierten Programmieren der immer größer werdenden Programmsysteme Fehlersuche und Fehlerverbesserung in wachsendem Maße Zeit verschlingen. Grundsätzlich bezieht sich die gesamte Diskussion auf die Entwicklung großer Programmsysteme, mit denen Lernende in der Regel nicht konfrontiert werden. Zum didaktischen Thema wird diese Methodendiskussion erst, wenn man eine Ausbildung zur Anwendung dieser Methoden betreibt, d.h. einen "guten" Programmierstil lehren will. Es sollen im folgenden zuerst einige Grundströmungen des strukturierten Programmierens angeführt werden.

GOTO-freies Programmieren

Einer der Väter des strukturierten Programmierens ist E. Dijkstra, der bereits 1965 feststellte, daß die Qualität von Programmierern umgekehrt proportional zur Dichte von GOTOs in ihrem Programm sei. 1968 eröffnete er die Diskussion um das GOTO mit seinem berühmten Brief an die Communications of ACM "GO TO statement considered harmful". Eine Zeitlang wurde strukturiertes mit GOTO-freiem Programmieren gleichgesetzt. In der sich daran anschließenden GOTO-Kontroverse wurden die Argumente dafür und dagegen etwa folgendermaßen gefaßt:

Pro-Argumente

- GOTO-freie Programme lassen sich leichter verstehen, modifizieren und auf Fehler durchsehen,
- die Möglichkeit GOTO zu verwenden ermutigt den Mißbrauch und

nicht die Konstruktion guter Kontrollstrukturen,
- bei GOTO-freien Programmen sind Verifikationsmethoden leichter anwendbar.

Contra-Argumente

- GOTO wird bei abnormalen Ausgängen (z.B. Fehlerausgängen) aus Schleifen gebraucht,
- es ist oft effizienter mit GOTO zu programmieren und
- man hat die Möglichkeit, in der Sprache nicht vorhandene Kontrollstrukturen aus GOTOs zu definieren und zu verwenden (z.B. Schleifen mit mehreren Ausgängen).

Es dürfte heute Konsens darüber bestehen, daß man soweit wie möglich auf GOTO verzichten und Kontrollstrukturen verwenden sollte, die einen definierten Eingang und genau einen Ausgang haben. Die Diskussion über gute Kontrollstrukturen hat zu einem weitgehenden Konsens mit den von Wirth in PASCAL realisierten Kontrollstrukturen geführt. (Zu neueren Entwicklungen vergleiche man Ledgard-Marcotty 1975). Es ist jedoch offensichtlich, daß GOTO-freies Programmieren nicht automatisch gutes Programmieren ist, sondern daß die Hauptaufgabe in der Auswahl und Anordnung der Kontrollstrukturen besteht (wozu auch der Prozedurbegriff mit Rekursion gehört).

Schrittweise Verfeinerung; top-down-Entwicklung

N. Wirth führte 1971 die Methode der schrittweisen Verfeinerung ein, H. Mills propagierte fast gleichzeitig ein top-down-Vorgehen bei der Entwicklung großer Systeme. Auf der methodischen Ebene sind kaum Unterschiede nachweisbar. Bei der schrittweisen Verfeinerung wird eine Folge von Beschreibungen der Problemlösung entwickelt, die von einer allgemeinen sprachlichen Beschreibung ausgeht und durch schrittweise Ausarbeitung einzelner Teile und Konkretisierung auf ein lauffähiges Programm führt. Die Methode wurde in den vorstehenden Kapiteln als eine selbstverständliche Darstellungstechnik verwendet.
Bei einer top-down-Entwicklung wird im Gegensatz zu bottom-up mehr der Aspekt der Systementwicklung betont. Es geht hier zum Beispiel um einen Satz von grundlegenden Moduln. Bei bottom-up werden diese auf Verdacht oder aus fachsystematischen Gründen entwickelt und daraus dann eine konkrete Problemlösung zusammengefügt. Der Vor-

teil dieses Verfahrens ist, daß jeder Modul unmittelbar nach seiner Abfassung auch auf dem Rechner ausgetestet werden kann.
Bei top-down wird dagegen eine gegebene Aufgabe z.B. für ein großes Programmsystem schrittweise konkretisiert, wobei die Problemlösung in jedem Schritt (rechnerfern) verifiziert werden sollte. Man wird so schließlich zu einem Satz problemangepaßter grundlegender Moduln gelangen, deren Programmierung die Problemlösung fertigstellt.
Die Einwände gegen diese Methoden sind naheliegend und lassen sich auf eine Formel bringen: Das Entwerfen eines korrekten Programms enthält in der Regel kreative Elemente und läßt sich daher nicht zu einem mechanischen Prozeß vereinfachen. Es kann sich beim Verfeinern z.B. zeigen, daß vorhergehende Entscheidungen nicht adäquat waren und revidiert werden müssen. Es kann sein, daß es bei einem Problem angebracht ist, zwischen top-down und bottom-up abzuwechseln (Jo-Jo-Programmieren) oder gar middle-out vorzugehen.
Mit anderen Worten: Alle diese Einwände gegen ein schematisches Vorgehen und das Aufzeigen von Alternativen im Diskussionsprozeß zeigen, daß die Programmiermethodik offenbar eine gewisse Problemabhängigkeit hat. Andererseits haben formale Methoden dann einen besonderen Stellenwert, wenn das Problem als solches gelöst und die Lösung eindeutig (z.B. mathematisch) beschrieben ist. Die ingenieurhafte Entwicklung eines Programms, das den Algorithmus für einen konkreten Prozessor darstellt, wird besonders durch schematisierte Entwicklungsmethoden unterstützt.
Die angeführten Entwicklungsmethoden eignen sich auch besonders gut für die Lehre. Für den Lehrenden ist das Problem ja gelöst; er kann also systematisch über mehrere Schritte ein Programm entwickeln und z.B. die Verfeinerungsschritte so klein wählen, daß sie vom Lernenden erfaßt werden können. Irrwege bei der Entwicklung, Revision vorhergehender Schritte oder gar falsche Lösungen sind so ausgeschlossen. Es ist dies dieselbe Situation, in der sich Lernende bei der Darbietung eines mathematischen Beweises während einer Vorlesung befinden. So wie der Lernende dabei nicht das Beweisfinden lernen wird, kann er auch beim oben geschilderten Verfahren nicht das Problemlösen lernen.
Ein weiteres Charakteristikum ist für das schrittweise Verfeinern und die top-down-Entwicklung typisch. Die verschiedenen Versionen der Problemlösung verlaufen rechnerfern, erst die letzte Version

ist auf der Maschine lauffähig. Das heißt, es ist eine Bleistift-Papier-Aktivität oder in der Lehre ein Kreide-Tafel-Programmieren. Dies wird man je nach den Zielen, die verfolgt werden, als Vor- oder Nachteil zu werten haben.
Je mehr man ein forschendes, suchendes und entdeckendes Verhalten im Gegensatz zu einer ingenieurhaften Entwicklungshaltung beim Lernenden erzeugen möchte, desto mehr sollte die Programmierarbeit in Interaktion mit dem Rechner stattfinden. (Zum Wert des interaktiven Arbeitens in der Schule vergleiche man z.B. Eyferth u.a. 1974, S.144ff, Fischer 1977).

Modulares Programmieren

Mit dem Begriff des modularen Programmierens wird ein Aspekt des strukturierten Programmierens herausgelöst und zur Methode ausgebaut. In historischer Sicht würde man es wohl nicht zum strukturierten Programmieren rechnen; in jedem Fall ist es jedoch eine Methode des systematischen Programmierens.
Beim modularen Programmieren steht weniger ein Programm mit seinem strukturierten Ablauf im Vordergrund, sondern der Aufbau eines Programmsystems aus unabhängigen Moduln. Dabei soll der Begriff des unabhängigen Moduls durch folgende Eigenschaften umrissen werden:

- Moduln sind unabhängig von ihrer Umgebung, sie sind beliebig ersetzbar,
- die Korrektheit eines Moduls kann unabhängig von anderen beurteilt werden,
- Moduln können getrennt übersetzt werden.

Dies bedeutet, daß Variablen nur lokal innerhalb des Moduls gelten dürfen, und daß Informationsaustausch zwischen Moduln nur über definierte Schnittstellen stattfindet. Ein Programmsystem ist also als eine Hierarchie von Moduln dargestellt. Es ist offensichtlich, daß bei dieser Begriffsbildung an größere Systeme gedacht ist, die durch Programmierteams hergestellt werden. Durch die Festlegung der Schnittstellen und der vorgesehenen Eigenschaften eines Moduls werden getrennte Programmieraufgaben definiert.

Strukturiertes Wachstum

Sandewall (1978) hat eine weitere Methode des systematischen Ar-

beitens identifiziert und dem schrittweisen Verfeinern entgegengesetzt: das strukturierte Wachstum (structured growth) eines Programms. Diese Methodik stammt aus dem Erfahrungsbereich der LISP "community", d.h. sie ist bestimmt durch das benutzte Werkzeug, eine interaktive Programmierumgebung und die Programmieraufgaben der artificial-intelligence-Forschung. Strukturiertes Wachstum kann wie folgt beschrieben werden:
Ein Anfangsprogramm mit klarer und einfacher Struktur wird geschrieben und ausgetestet; danach darf es wachsen, indem die einzelnen Moduln immer mehr Eigenschaften erhalten. Dieser Vorgang wiederholt sich beim Revidieren und Umschreiben der einzelnen Teile. Das Wachstum kann dabei "horizontal" durch Zufügen weiterer Eigenschaften oder "vertikal", d.h. Ausbauen und Vertiefen eines Teils, erfolgen. Strukturiertes Wachstum hat damit eine gewisse Entsprechung zur geistigen Technik des Verallgemeinerns. Es zeigt sich nun, daß der forschende Programmierer aus dem Bereich der artificial intelligence ständig dabei ist, sein System auszubauen, indem er weitere Eigenschaften des Problems erfaßt. Er ist auch darauf angewiesen, daß bei jedem Stand seiner Arbeit das Programmsystem lauffähig ist, damit er damit experimentieren kann, um so neue Erkenntnisse über das Stoffgebiet zu erhalten.

Zusammenfassung

Die kurz umrissenen Methoden eines systematischen Arbeitens, wie sie in der informatischen Diskussion zu finden sind, sind jeweils aus speziellen Erfahrungsbereichen heraus formuliert worden und haben eine gewisse Abhängigkeit von der für die Realisierung des Programms vorgesehenen Rechnersprache, von der Programmierumgebung und schließlich auch vom behandelten Fachgebiet.
Nimmt man sich solche Methoden zum Vorbild für didaktische und methodische Überlegungen, so sind die Vorteile und Grenzen jeder Methode klar zu sehen. Vor allem die Abhängigkeit von Sprache und Programmierumgebung wird zum entscheidenden Faktor. Während es einem professionellen Programmierer u.U. zuzumuten ist, mit einer Methode gegen den Einfluß eines Sprachdesigns zu arbeiten, ist dies bei Lernenden äußerst schwierig. Die verwendete Sprache wird also primär auch eine bestimmte Methode ermutigen und der Lehrende wird gut daran tun, sich dem anzupassen, sofern er nicht die Freiheit

und Möglichkeit hat, eine Sprache für die von ihm favorisierte Methodik auszuwählen.
Eine zweite Relativierung der bisweilen von Informatikern dogmatisch propagierten Methoden ist anzubringen. Man erkennt auch in der Fachinformatik einen persönlichen Programmierstil an (Knuth 1974 , Kernighan-Plauger 1974). Lehrende werden also ihren eigenen - hoffentlich guten - Stil im Unterricht einfließen lassen.

5.4 Arbeitsstil am Rechner

Es klang im letzten Abschnitt schon an, welche Wechselwirkung zwischen Methoden einerseits und den Möglichkeiten der Sprache und ihrer Programmierumgebung andererseits besteht. Man kann zwei Arbeitsstile herausarbeiten, die jeweils ihre spezifischen Sprachen und Systemeinbettungen haben:

- Das rechnerferne Entwickeln eines Programms, bei dem das Ergebnis dem Rechner eingegeben wird, und
- das interaktive Entwickeln, bei dem ein Programm durch dauernde Laufversuche zu einer endgültigen Version gebracht wird.

Jeder dieser Arbeitsstile wird von einer eigenen Anhängerschaft in der Informatik getragen und für jeden werden passende Sprachen und Systemumgebungen geschaffen. Mit jedem dieser Arbeitsstile sind jedoch auch bestimmte Aufgabengebiete angesprochen:

- Rechnerfernes Entwickeln wird besonders im Bereich der angewandten Informatik,
- interaktives Arbeiten vor allem in der Forschung zur artificial intelligence favorisiert.

Prototypisch für Sprachen und Systeme seien genannt:

- Für das rechnerferne Entwickeln die Sprache PASCAL, mit der keine Systemeinbettung definiert wurde, die jedoch in der Regel als compilierende Sprache in einem Standardbetriebssystem arbeitet.
- Für ein interaktives Sprachsystem sei LISP genannt, in dem Sprache, Editieren und Systemfunktionen integriert sind. Für Lernende ist besonders der LISP-Ableger LOGO geeignet.

Die Unterschiede in der Sprachstruktur zwischen PASCAL und LISP sind schon so groß, daß die Unterschiede in der Interaktionsstruktur mit dem Rechner auf den ersten Blick kaum mehr wichtig erscheinen. Es sind jedoch gerade die in einem System angelegten Dialogformen, die den Anfänger stark fördern oder behindern.

- Die primäre Schicht von Interaktionen in einer PASCAL-Einbettung besteht in Programmverwaltungsfunktionen; darunter ist auch das Aufrufen des Editors. Erst in zweiter Linie können Programmzeilen ausgeführt werden.
- Bei einer interaktiven Sprache ist der primäre Interaktionszyklus die Ausführung von Befehlen; dabei können sich diese auf Daten oder Programme beziehen.

Auf den vorgesehenen Arbeitsstil am Rechner ist bei konsequent entworfenen Sprachen auch das gesamte Sprachdesign abgestellt. Um nur ein Beispiel zu nennen: Für rechnerfernes Arbeiten ist es konsequent, die benutzten Variablen zu deklarieren, d.h. ihren Typ oder ihren Aufbau aus Datentypen festzulegen. Beim Programmieren wird also - wenigstens idealerweise - gleichzeitig am Datenteil und am Algorithmenteil gearbeitet. Im Gegensatz dazu werden bei interaktiven Sprachen in der Regel dynamische Typbestimmungen vorgenommen, d.h. de facto ist der Benutzer nicht genötigt, sich darum zu kümmern.
Sprache und System BASIC nehmen in diesem Zusammenhang eine Zwitterstellung ein. Vom Sprachdesign her ist BASIC eine compilierende Sprache, also eher für rechnerfernes Arbeiten geeignet. In der Systemeinbettung hat man sehr viele interaktive Elemente hinzugefügt, so daß eine ständige Interaktion ermutigt wird. Es fehlen jedoch für beide Arbeitsstile die entscheidenden Strukturierungsmöglichkeiten, die es erlauben, bei größeren Problemlösungen die Übersicht zu behalten.
Der didaktische Ansatz dieses Buches war, beide Aspekte von BASIC zu nutzen: Die Interaktion mit dem Computer für die Anfangszeit und rechnerfernes Arbeiten für die größeren Probleme. Das Loslösen der Arbeit von einer ständigen Interaktion in BASIC wird damit zum entscheidenden Punkt des Programmierenlernens.

Der pathologische Fall von Fehlverhalten ist das oft beobachtete "Hacken".

Zum Abschluß wollen wir Weizenbaums (1977, S.161ff) brillante Analyse des zwanghaften Programmierers in einem längeren Zitat wiedergeben.
"Der normale Programmierer diskutiert in der Regel sowohl sein inhaltliches als auch sein technisches Programmierproblem mit anderen. Normalerweise leistet er ausgedehnte Vorarbeiten, wie z.B.

das Erstellen von Flußdiagrammen, bevor er mit dem Computer selbst arbeitet. Seine eigentliche Rechenzeit am Computer ist relativ kurz....Sein Programm entwickelt er langsam und systematisch. Funktioniert etwas nicht, so überlegt er sorgfältig, wo die Ursachen dafür liegen könnten, und entwickelt Testprogramme, um den Fehler zu finden....Anders als der Fachmann kann der zwanghafte Programmierer sich keinen anderen Aufgaben widmen, selbst wenn sie eng mit seinem Programm zusammenhängen, wenn er einmal den Computer nicht bedient. Er kann es kaum ertragen, nicht an der Maschine zu sitzen. Zwingen ihn aber dennoch irgendwelche Umstände zu einer Trennung von seinem Gerät, so nimmt er wenigstens seine Ausdrucke mit....Der Hacker ist nicht imstande, sich ein klar definiertes langfristiges Ziel zu setzen und einen Plan zu dessen Verwirklichung aufzustellen, denn er verfügt nur über Technik, nicht über Wissen. Er hat nichts, woraus er eine Analyse oder Synthese herstellen könnte....Die psychologische Situation, in der sich ein derart engagierter, zwanghafter Programmierer befindet, ist durch zwei Tatsachen definiert, die offensichtlich in Widerspruch zueinander stehen: Erstens weiß er, daß der Computer alles machen muß, was er von ihm verlangt, und zweitens enthüllt der Computer ständig und unwiderlegbar die an ihm begangenen Fehler. Der Ingenieur kann sich mit der Wahrheit abfinden, daß es einige Dinge gibt, die er nicht kennt. Aber der Programmierer bewegt sich in einer Welt, die ganz und gar sein Machwerk ist. Der Computer fordert seine Macht heraus, nicht sein Wissen....Sein Erfolg besteht darin, daß er dem Computer gezeigt hat, wer der Herr ist. Und nachdem er bewiesen hat, daß er den Computer zu solchen Leistungen trimmen kann, fängt er unverzüglich an, noch mehr aus ihm herauszuholen. So beginnt der ganze Kreislauf wieder von vorn."

Literatur

Abelson, H. 1982: LOGO, Peterborough 1982

Abelson, H. and diSessa, A. 1981: Turtle Geometry, Cambridge-London 1981

Backus, J. 1978: Can Programming Be Liberated from the von Neumann Style? A Functional Style and Its Algebra of Programs, CACM 21,8(613-641)1978

Bauer, F.L. 1979: "Variables considered harmful" und andere Bemerkungen zur Programmierung, in: Weinhart, K., Informatik im Unterricht, München-Wien 1979, S.105-114

Böhm, C. and Jacopini, G. 1966: Flow Diagrams, Turing Machines and Languages With Only Two Formation Rules, CACM 9,5(366-371)1966

DIFF 1980: Mathematik, Kurs für Lehrer, Sekundarstufe I/Hauptschule, HE7 Elektronische Taschenrechner, Deutsches Institut für Fernstudien, Tübingen 1980

Dorn, W.S. and McCracken, D.D. 1972: Numerical Methods with FORTRAN IV Case Studies, New York 1972

Engel, A. 1977: Elementarmathematik vom algorithmischen Standpunkt, Stuttgart 1977

Fischer, G. 1977: Das Lösen komplexer Problemaufgaben durch naive Benutzer mit Hilfe des interaktiven Programmierens, PROKOP-Projekt des Hessischen Instituts für Bildungsplanung und Schulentwicklung, Darmstadt 1977

Kernighan, B.W. and Plauger, P.J. 1974: The Elements of Programming Style, New York 1974

Knuth, D.E. 1974: Computer Programming as an Art, CACM 17,12(667-673)1974

Ledgard, H.F. and Marcotty, M. 1975: A Genealogy of Control Structures CACM 18,11(629-639)1975

Löthe, H. und Müller, K.P. 1979: Taschenrechner, Stuttgart 1979

Mayer, R.E. 1979: A Psychology of Learning BASIC, CACM 22,11(589-593)1979

Nievergelt, J., Farrar, J.C. and Reingold, E.M. 1974: Computer Approaches to Mathematical Problems, Englewood Cliffs, 1974

Padberg, F. 1972: Elementare Zahlentheorie, Freiburg 1972

Papert, S. 1980: Mindstorms, Children, Computers and Powerful Ideas, New York 1980

Sandewall, E. 1978: Programming in the Interactive Environment: The LISP Experience, ACM Computing Surveys, 10,1(35-71)1978

Weiner, L.H. 1978: The Roots of Structured Programming, SIGCSE Bulletin 10,1(243-254)1978

Weizenbaum, J. 1977: Die Macht der Computer und die Ohnmacht der Vernunft, Frankfurt 1977

Wirth, N. 1972: Systematisches Programmieren, Stuttgart 1972

Wirth, N. 1975: Algorithmen und Datenstrukturen, Stuttgart 1975

Zemanek, H. 1981: Kalender und Chronologie, München-Wien 1981

Zurmühl, R. 1957: Praktische Mathematik für Ingenieure und Physiker, Berlin-Göttingen-Heidelberg 1957

Sachverzeichnis

Teubner Bücher DATENVERARBEITUNG / INFORMATIK

Bauknecht/Zehnder: Grundzüge der Datenverarbeitung
Methoden und Konzepte für die Anwendungen
286 Seiten. DM 24,80

Brauch: Programmierung mit BASIC
2. Aufl. 200 Seiten. DM 14,80

Brauch: Programmierung mit FORTRAN
5. Aufl. 224 Seiten. DM 15,80

Dal Cin: Fehlertolerante Systeme
Modelle der Zuverlässigkeit, Verfügbarkeit, Diagnose
und Erneuerung
206 Seiten. DM 24,80

Erbs/Stolz: Einführung in die Programmierung mit PASCAL
232 Seiten. DM 22,80

Haase/Stucky/Wegner: Datenverarbeitung heute
284 Seiten. DM 21,80

Heinrich/Stucky: Programmierung mit ALGOL 60
2. Aufl. 157 Seiten. DM 12,80

Kaletsch: Programmierung mit PL/I
160 Seiten. DM 12,80

Kästner: Architektur und Organisation digitaler
Rechenanlagen
224 Seiten. DM 23,80

Kießling/Lowes: Programmierung mit FORTRAN 77
184 Seiten. DM 12,80

Kupka/Wilsing: Dialogsprachen
168 Seiten. DM 21,80

Löthe/Quehl: Systematisches Arbeiten mit BASIC.
Problemlösen - Programmieren
188 Seiten. DM 19,80

Maurer: Datenstrukturen und Programmierverfahren
222 Seiten. DM 26,80

Mehlhorn: Effiziente Algorithmen
240 Seiten. DM 26,80

Menzel: BASIC in 100 Beispielen
2. Aufl. 216 Seiten. DM 21,80

Fortsetzung auf der nächsten Seite

Teubner Bücher DATENVERARBEITUNG / INFORMATIK Fortsetzung

Menzel: BASIC in 100 Beispielen/Disketten-Version APPLESOFT
2. Aufl. 216 Seiten. Beilage: Diskette mit allen
BASIC-Programmen in APPLESOFT. DM 59,80

Ottmann/Widmayer: Programmierung mit PASCAL
2. Aufl. 269 Seiten. DM 17,80

Richter: Betriebssysteme
152 Seiten. DM 24,80

Richter: Logikkalküle
232 Seiten. DM 24,80

Schlageter/Stucky: Datenbanksysteme: Konzepte und Modelle
261 Seiten. DM 24,80

Schmidt: Digitalelektronisches Praktikum
2. Aufl. 238 Seiten. DM 16,80

Schmidt u.a.: Digitalschaltungen mit Mikroprozessoren
2. Aufl. II, 205 Seiten. DM 23,80

Schneider: Problemorientierte Programmiersprachen
226 Seiten. DM 23,80

Singer: Programmieren in der Praxis
176 Seiten. DM 19,80

Singer: Programmierung mit COBOL
4. Aufl. 312 Seiten. DM 17,80

Spaniol: Arithmetik in Rechenanlagen
Logik und Entwurf
208 Seiten. DM 24,80

Waldschmidt: Schaltungen der Datenverarbeitung
264 Seiten. DM 38,--

Wirth: Algorithmen und Datenstrukturen
2. Aufl. 376 Seiten. DM 28,80

Wirth: Compilerbau
2. Aufl. 94 Seiten. DM 16,80

Wirth: Systematisches Programmieren
3. Aufl. 160 Seiten. DM 22,80

Preisänderungen vorbehalten